中老年学摄影全能一本通

相机 + 手机 + Pad 完美大片随心摄

檀文迪 朱丽 田阳 编著

U0244646

中国青年出版社

侵权举报电话

全国"扫黄打非"工作小组办公室　　　　中国青年出版社
010-65233456　65212870　　　　　010-59231565
http://www.shdf.gov.cn　　　　　　　E-mail: editor@cypmedia.com

图书在版编目（CIP）数据

中老年学摄影全能一本通：相机+手机+Pad：完美大片随心摄 / 檀文迪，朱丽，田阳编著
. 一 北京：中国青年出版社，2020. 7
ISBN 978-7-5153-6005-8

I. ①中… II.①檀… ②朱… ③田… III. ①数字照相机－摄影技术－中老年读物
IV. ①TB86-49 ②J41-49

中国版本图书馆CIP数据核字（2020）第068004号

策划编辑：张　鹏
责任编辑：张　军
封面设计：杨　卉

中老年学摄影全能一本通：（相机+手机+Pad）完美大片随心摄

檀文迪　朱丽　田阳　编著

出版发行	中国青年出版社
地　　址	北京市东四十二条21号
邮政编码	100708
电　　话	（010）59231565
传　　真	（010）59231381
企　　划	北京中青雄狮数码传媒科技有限公司
印　　刷	北京建宏印刷有限公司
开　　本	787 x 1092　1/16
印　　张	15.5
版　　次	2020年7月北京第1版
印　　次	2020年7月第1次印刷
书　　号	ISBN 978-7-5153-6005-8
定　　价	79.80元（附赠独家秘料，含语音视频与PS案例文件等海量实用资源）

本书如有印装质量等问题，请与本社联系
电话：（010）59231565
读者来信：reader@cypmedia.com
投稿邮箱：author@cypmedia.com
如有其他问题请访问我们的网站：http://www.cypmedia.com

前 言

摄影就像一次纪念的旅游，每个摄影师都可以用相机记录下精彩的瞬间，感动的画面，平凡的影像。每一张照片、每一段文字，都铭记着某个瞬间。当摄影师按下快门的一刹那，将永远定格所见。借助本书，跟随笔者的足迹回忆景点，字里行间流露出摄影旅途的艰辛与喜悦，感动和悲欢，并与中老年摄影爱好者一起分享心得体会，不断进步，再进步。

本书由原理篇、基础篇、器材篇和实战篇四部分组成。原理篇包括Chapter 01至Chapter 05，主要讲解了数码单反相机和微单相机的结构及成像原理、取景、构图、用光等基础摄影知识，可帮助摄影爱好者初步了解摄影。基础篇包括Chapter 06至Chapter 10，主要讲解了快门、光圈、iso、曝光测光及对焦等必备基础摄影知识，掌握这些知识是拍出理想作品的第一步。器材篇为Chapter 11，主要讲解了镜头及附件，如何根据拍摄对象选择合适的镜头，选择适用的滤镜、反光板等。实战篇为Chapter 12至Chapter 15，本篇以大量的拍摄实例讲解了风光题材、人像题材、花卉动物题材、旅游题材等中老年摄影爱好者感兴趣的拍摄题材的拍摄方法和技巧，精美的图片既可为您的阅读增添趣味，也可为您带来视觉享受。大量的拍摄参数和示意图可为您提供拍摄参考。Chapter 16介绍了一些常用的照片后期处理方法，可使您手中的照片更为精美。

从少年到老年，每个人都有摄影梦。中老年人更是摄影领域的常客，一道道交错的时光机，一幕幕真实的情景再现，是一次体验的旅游，更是一次心灵的碰撞。摄影使人年轻，摄影使生命富于变化。在紧张繁忙的工作之余，人们难得用一次旅游来放松自己。看到美景，忍不住拿起相机按下快门将其记录下来。当你回到家，又或者年龄再大一些时，拿起照片回想起曾经景象，记忆犹如泉水般涌现。

本人非常感谢江湖大虾、赵楠、张剑、色驴老E等多位提供图片的摄影师，正因为有了他们的优秀作品，才使本书的内容更加丰富多彩。另外也感谢编辑们的辛勤劳动，在他们的帮助下，这本适合中老年摄影爱好者的读物才能顺利与大家见面。

目 录

 PART 01　原理篇

Chapter 01

可更换镜头数码相机与拍摄常识

市面上新款主流相机 20
主流数码单反相机 20
主流微单数码相机 21

数码相机的构造部件 22
数码单反相机结构与成像原理 22
感光元件 24
认识数码相机结构 25
机身和LCD显示屏 27

图像存储格式 28
JPEG图像 28
RAW图像 28
同时得到RAW和JPEG图像 28

养护相机的细节 29
确保有充足的电量 29
存储卡也很重要 29
使用三脚架固定相机 30
检查相机设置 30
镜头的保养 31

拍好照片的守则 32
拍摄姿势要正确 32
拍出清晰照片的方法 33

手机摄影 34
什么是手机摄影 34
手机摄影与单反摄影有何不同 35

平板摄影 37

Chapter 02

取景决定表现内容

拍摄远景 40
拍摄山景 40
拍摄城市 41
大场景要有气势 42

拍摄中景 43
表现事物局部 43
拍摄人物中景 44
表现故事情节 45

突出重点 46
人像特写 46
拍摄小景 47
微距摄影 48

Chapter 03

构图使照片更具美感

认识构图 50
什么是构图 50
构图的目的作用 51
学会从摄影角度观察构图 52
构图中的主体与陪体安排 53

经典构图法则 ···································· 54

    黄金分割与三分法 ···························· 54

    水平线构图 ································ 56

    斜线式构图 ································ 57

    对称式构图 ································ 58

    均衡式构图 ································ 59

    垂直式构图 ································ 60

    三角形构图 ································ 61

    S形构图 ·································· 62

    棋盘式构图 ································ 63

    框架式构图 ································ 64

特殊的构图方式 ···························· 65

    适当留白营造画面空间感 ······················ 65

    线性透视营造画面纵深感 ······················ 67

    开放式构图带来更多想象空间 ·················· 68

    在画面中合理安排多个被摄体 ·················· 69

    在景物中寻找创意点 ························ 70

Chapter 04

光线和色彩的搭配使用

光和色彩的性质 ···························· 72

    色彩是光的物理反应 ························ 72

    根据光线强弱拍摄照片 ······················ 73

    色彩对画面有什么影响 ······················ 74

    光线影响色彩的变化 ························ 74

自然光 ·································· 75

    日光下表现辽阔的自然风光 ·················· 75

    日光下表现活泼的户外场景人物 ·············· 76

人造光 ·································· 77

    用闪光灯拍摄人像 ·························· 77

    拍摄灯光 ································ 78

混合光 ·································· 79

    利用自然光和人造光拍摄室外人像 ············ 79

    在户外使用环形闪光灯拍摄 ·················· 80

硬质光 ·································· 82

    用硬光拍摄山峰 ···························· 82

    用硬光拍摄男性 ···························· 83

软质光 ·································· 84

    用软光拍摄儿童 ···························· 84

    用软光拍摄静物 ···························· 85

不同色彩带给人们的感受 ·················· 86

    利用光线营造暖色调画面 ···················· 86

    利用光线营造冷色调画面 ···················· 87

    利用光线表现丰富的色彩 ···················· 88

Chapter 05

不同方向与不同
时间段的光线

顺光 ···································· 90

    用顺光拍摄草原 ···························· 90

用顺光拍摄人像 ·········· 91

侧光 ·········· 92

用侧光拍摄玩具 ·········· 92

用侧光拍摄山峰 ·········· 93

逆光 ·········· 94

利用逆光拍摄剪影效果 ·········· 94

逆光勾勒物体的轮廓 ·········· 95

逆光可表现半透明的树叶 ·········· 95

顶光 ·········· 96

利用顶光拍摄建筑 ·········· 96

利用顶光拍摄艺术品 ·········· 97

清晨的光线 ·········· 98

光线的特点 ·········· 98

云雾笼罩的散射光线 ·········· 98

上午和下午的光线 ·········· 99

斜角度光线突出景物的质感 ·········· 99

斜角度光线使景物色彩浓郁 ·········· 100

正午的光线 ·········· 101

正午光线带来斑驳的阴影 ·········· 101

正午直射光线突出景物形状 ·········· 101

日落时分的光线 ·········· 102

利用日落光线表现剪影效果 ·········· 102

利用多彩的云霞丰富画面 ·········· 102

不同天气下的自然光 ·········· 103

利用晴朗天气下的直射光 ·········· 103

利用阴天柔和的光线 ·········· 104

利用多云天气的散射光 ·········· 104

Chapter 06

数码单反相机的
快门原理及应用

快门速度常识 ·········· 106

什么是快门速度 ·········· 106

常见的快门速度 ·········· 107

安全快门的应用 ·········· 109

快门速度应用 ·········· 111

使用高速快门的情况 ·········· 111

使用中速快门的情况 ·········· 114

使用低速快门的情况 ·········· 115

Chapter 07

数码单反相机的
光圈原理及应用

认识光圈 ·········· 118

光圈的工作原理 ·········· 118

光圈级数 ·········· 118

光圈与景深的关系 ·········· 119

什么是景深 ·········· 119

钨丝灯白平衡 ·· 136

荧光灯白平衡 ·· 137

阴影白平衡 ··· 137

闪光灯白平衡 ·· 138

用户自定义 ··· 138

Chapter 09

曝光与测光

摄影光源 ·· 140

自动曝光与 EV 值 ································ 141

什么是EV值 ·· 141

自动曝光模式种类 ··································· 142

决定曝光的三要素 ····························· 147

三者的关系 ··· 147

光圈及光圈值 ·· 148

快门及快门速度 ······································ 149

感光度的作用 ·· 150

三者的组合应用 ······································ 151

测光方式 ·· 152

关于数码相机的测光方式 ······················· 152

点测光 ·· 153

中央重点平均测光 ··································· 154

评价测光 ·· 155

局部测光 ·· 156

影响景深的因素 ······································ 121

景深预视按钮 ·· 121

光圈大小的选择 ································· 123

使用大光圈的情况 ··································· 123

使用中等光圈的情况 ······························· 124

使用小光圈的情况 ··································· 125

最佳光圈 ·· 126

光圈的摄影规律 ······································ 128

Chapter 08

感光度和白平衡

认识感光度 ··· 130

什么是ISO ·· 130

ISO的特点 ·· 131

ISO的使用方法 ·· 131

ISO 感光度的应用 ······························ 132

ISO与快门速度的关系 ······························ 132

ISO与光圈的关系 ····································· 132

根据拍摄环境选择感光度 ························· 132

白平衡设置对画面的影响 ················· 133

理解色温的概念 ······································ 133

什么是白平衡 ·· 134

白平衡模式 ··· 135

自动白平衡 ··· 135

日光白平衡 ··· 135

阴天白平衡 ··· 136

PART 03　器材篇

Chapter 11
镜头和摄影附件详解

取景靠镜头 ·······························170
　　镜头的画幅 ·····················170
　　变焦镜头 ·······················170
　　定焦镜头 ·······················171
　　适合拍摄风光的镜头 ·········172
　　适合拍摄人像的镜头 ·········173
　　适合街拍的镜头 ···············173
　　适合拍摄花草的镜头 ·········174

摄影附件 ·······························175
　　三脚架和云台 ···················175
　　电池和手柄 ·····················177
　　存储卡与读卡器 ···············178
　　补光设备 ·······················179
　　摄影包 ·························179
　　滤镜 ·························180
　　UV镜 ·························181
　　中灰滤镜 ·····················182
　　渐变镜 ·························183
　　偏振镜 ·························184

　　分区式综合测光 ···············157

使用测光工具进行测光 ·········158
　　入射式测光表 ···················158
　　反射式测光表 ···················158
　　点测光表 ·······················158
　　使用灰卡 ·······················159

不同类型闪光灯的光线控制方法 ·····160
　　加装柔光罩使光线发生漫反射 ······160
　　闪光灯下应对红眼现象开启防红眼模式 ···160

Chapter 10
对焦

自动对焦 ·······························162
　　自动对焦的工作原理 ·········162
　　对焦锁定 ·······················163
　　多点自动对焦 ···················164
　　预先自动对焦 ···················165

手动对焦 ·······························167
　　使用手动对焦 ···················167
　　手动对焦适合的拍摄场景 ·····168

日出 ······ 197

日落 ······ 197

拍摄夜景 ······ 198

华灯初上 ······ 198

流光溢彩 ······ 198

湖光夜色 ······ 199

暗夜明灯 ······ 199

灯火通明 ······ 200

火树银花 ······ 200

PART 04　实战篇

Chapter 12

风光题材

拍摄山林 ······186

山景 ······186

树林 ······187

花草 ······188

秋叶 ······188

丘陵沙漠 ······189

拍摄水景 ······190

大海 ······190

海岸 ······190

湖泊 ······191

海浪 ······191

瀑布 ······192

拍摄雪景 ······193

白雪覆盖 ······193

雪后初晴 ······193

树挂 ······194

冰 ······194

拍摄云海日落 ······195

云 ······195

霞 ······195

雾 ······196

Chapter 13

人像题材

人像景别 ······ 202

全身人像 ······ 202

大半身人像 ······ 203

半身人像 ······ 204

特写人像 ······ 205

抓拍与摆拍 ······ 206

抓拍抢拍 ······ 206

抓拍极具动感的场景 ······ 206

摆拍 ······ 207

摆拍与抓拍结合 ······ 207

闪光摄影 ······ 208

人像情景小品 ······ 209

田园草地人像 ······ 209

快乐儿童照 ······ 210

Chapter 14
花卉动物题材

花的形态 212
　　含苞 212
　　花朵 212
　　花蕊 213
　　花丛 213

花的种类 214
　　向日葵 214
　　油菜花 214
　　梅花 215
　　菊花 215
　　荷花 216

动物世界 217
　　拍摄宠物 217
　　拍摄鸟类 218
　　拍摄昆虫 220

Chapter 15
旅游题材

拍摄名胜古迹 222
拍摄街区街景 223
记录寻常生活 224
拍摄异乡习俗 225
拍摄旅途小景 226
拍摄异国风情 227
拍摄特色美景 228
手机拍摄所见 229
　　拍摄出美丽风景的层次 229
　　抓住人物活动的精彩瞬间 229
　　用自带相机拍摄虚实变化的花朵 230
　　手机拍摄绚丽的夜间景色 230

Chapter 16
后期修饰
使数码照片更完美

将照片导入电脑 232
　　相机与电脑连接 232
　　导入存储卡数据 232
　　手机与电脑连接 232
　　平板与电脑连接 233
　　手机与平板连接 233

将照片上传到网络 234
　　将照片上传到微信朋友圈 235

将照片上传到平板 236

RAW 格式照片处理 237
　　RAW格式的特点 237
　　RAW格式下画面白平衡的设置 237
　　RAW图像有利于色调的调整 238

JPEG 照片后期处理 239
　　利用仿制图章工具 239
　　制作黑白效果照片 240
　　为树荫添加光影 241
　　调出粉嫩肤色人像 242
　　拼接超宽画幅照片 243
　　制作怀旧效果照片 245
　　摄影作品裁切与修饰 247

Chapter
01 可更换镜头数码相机 与拍摄常识

拥有一台喜欢又实用的相机是每一位摄影爱好者的愿望。本章中，我们将为您仔细讲解相机的选购方法，数码单反相机的基础知识，以及拍摄开始前的相机设置与准备工作。

[光圈：F16 曝光时间：1/60s ISO：200 焦距：67mm]

市面上新款主流相机

目前数码单反相机的一线品牌只有3个，佳能、尼康和索尼。本章着重介绍佳能和尼康这两个品牌。

主流数码单反相机

佳能相机生产历史悠久，品质精良。拥有成熟的光学品质和专业的相机人体工程学研究，所生产的相机堪称业内主流，高成像质量、高操控性是佳能的特色。热销机型及主要参数如下。

● 入门级别

相机类型：APS-C画幅
有效像素：2600像素
变焦倍数：视镜头而定
传感器类型：CMOS传感器
传感器尺寸：22.3×14.9mm
影像处理系统：DIGIC 8
最大分辨率：6000×4000

● 高级入门级别
EOS 90D

相机类型：APS-C画幅
有效像素：3230万像素
变焦倍数：视镜头而定
传感器类型：CMOS传感器
传感器尺寸：22.3×14.8mm
影像处理系统：DIGIC 8
最大分辨率：6960×4640

● 准专业级
EOS 5D
Mark IV

相机类型：全画幅
有效像素：3040万像素
变焦倍数：视镜头而定
操作模式：带全手动功能
传感器类型：CMOS传感器
传感器尺寸：36mm×24mm
影像处理系统：DIGIC 6+
最大分辨率：6720×4480

尼康作为相机行业的另一个元老，因其稳定的发展在这几年的数码相机大潮中平平稳稳。在民用领域算是一个中庸者，但在专业领域则一直可跟佳能争夺一席之地。热销机型及主要参数如下所示。

● 入门级
D3500

相机类型：APC-C画幅
有效像素：2416万像素
变焦倍数：视镜头而定
操作模式：带全手动功能
传感器类型：CMOS传感器
传感器尺寸：23.5mm×15.6mm
影像处理系统：EXPEED 4
最大分辨率：6000×4000

● 高级入门级
D7500

相机类型：APC-C画幅
有效像素：2088万像素
变焦倍数：视镜头而定
操作模式：带全手动功能
传感器类型：CMOS传感器
传感器尺寸：23.5mm×15.7mm
影像处理系统：EXPEED 5
最大分辨率：5568×3712

● 准专业级
D500

相机类型：全画幅
有效像素：2088万像素
变焦倍数：视镜头而定
操作模式：带全手动功能
传感器类型：CMOS传感器
传感器尺寸：23.5mm×15.7mm
影像处理系统：EXPEED 5
最大分辨率：5568×3712

主流微单数码相机

"微单"是索尼公司所注册的商标。冠以"微单"机型的相机，被定位于一种介于数码单反相机和卡片机之间的跨界产品。当前，微单相机以其小巧便携、画质与实用性并重而受到广大摄影爱好者的青睐，不仅索尼公司，佳能、尼康、富士、三星、松下等厂商均有较为出色的微单相机问世。索尼微单相机的种类最为全面，机型的更新换代速度也很快，令人应接不暇。

下面，我们就对目前索尼微单相机的主流机型进行介绍。

● 入门级α6100

相机类型：APS-C画幅
有效像素：2420万像素
变焦倍数：视镜头而定
操作模式：带全手动功能
传感器类型：Exmor R CMOS
传感器尺寸：23.5×15.6mm
影像处理系统：Bionz X
最大分辨率：6000×4000

● 高级入门α6600

相机类型：APS-C画幅
有效像素：2420万像素
变焦倍数：视镜头而定
操作模式：带全手动功能
传感器类型：Exmor R CMOS
传感器尺寸：23.5×15.6mm
影像处理系统：Bionz X
最大分辨率：6000×4000

● 准专业级α7R IV

相机类型：全画幅
有效像素：6100万像素
变焦倍数：视镜头而定
操作模式：带全手动功能
传感器类型：Exmor R CMOS
传感器尺寸：35.7×23.8mm
影像处理系统：Bionz X
最大分辨率：9504×6336 mm

在微单领域中，佳能、尼康、富士都有着不俗的表现，下面介绍3款热销的代表机型，其主要参数如下所示。

● 佳能EOS M6 Mark II

相机类型：APS-C画幅
有效像素：3250万像素
变焦倍数：视镜头而定
操作模式：带全手动功能
传感器类型：CMOS
传感器尺寸：22.3×14.8mm
影像处理系统：DIGIC 8
最大分辨率：6960×4640mm

● 尼康Z50

相机类型：APS-C画幅
有效像素：2088万像素
变焦倍数：视镜头而定
操作模式：带全手动功能
传感器类型：CMOS
传感器尺寸：23.5×15.7mm
影像处理系统：EXPEED 6
最大分辨率：5568×3712mm

● 富士X-Pro3

相机类型：APS-C画幅
有效像素：2610万像素
变焦倍数：视镜头而定
操作模式：带全手动功能
传感器类型：CMOS
传感器尺寸：23.5×15.7mm
影像处理系统：X-Processor 4
最大分辨率：6240×4160mm

数码相机的构造部件

数码单反相机（Digital Single Lens Reflex Camera，简称DSLR）是一种以数码方式记录成像的相机。数码单反相机的性能因制造厂商和机型的不同有较大的差异，但主要构造因类型一致、原理相同而大致相同。

数码单反相机结构与成像原理

数码单反相机主要由机械结构和电子电路两部分构成。机械结构包括快门单元、反光镜和镜头，电子电路部分包括影像感应器和影像处理器，具体如下图所示。

快门单元
拦截从镜头摄入的光线，通过其开启时间的长短来控制影像感应器的受光量。置于影像感应器之前，反光镜之后，在其开启的时间内反光镜将抬起。

反光镜
对进入镜头的光线进行反射，再通过五棱镜的反射，最终将影像通过取景器显示出来。

镜头（可更换）
收集物体反射回来的光线，并将光线输送到影像感应器平面上，完成最终的成像。

影像处理器
对影像感应器收集的数据进行分析计算，其功能相当于胶片的"显影"。

影像感应器
相当于胶片相机的胶片，可将光信号转化为电信号，根据所用材质的不同，可分为CCD或CMOS。

按下快门之前

　　按下快门之前，被摄体的光影通过镜头到达反光镜。之后，再由五棱镜的反射到达取景器的目镜；拍摄者通过观察目镜后，根据题材进行取景、构图，再根据光线强弱等情况，对画面进行取舍，预先做好拍摄准备。

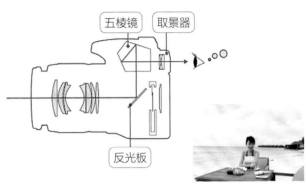

按下快门之后

　　按下快门时，反光镜抬起，快门帘幕打开，被摄体的光影通过镜头直接到达影像感应器。此时影像感应器的受光量由快门开启时间的长短来控制（开启时间长，受光量多；开启时间短，受光量少），当快门闭合后，本次成像过程结束。

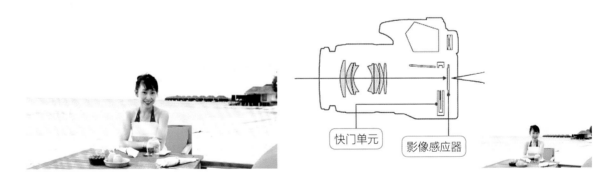

数据记录原理

　　数据记录流程为：影像感应器→影像处理器→存储卡。到影像处理器为止的阶段用于完成成像，存储卡仅起到存储数据的作用。

　　具体来说，影像感应器即在光信号转换为电信号的过程中生成影像数据所需的基础部分，但在这一阶段尚未完成成像。而影像处理器则可根据影像感应器所传输来的数据，生成数字影像。在这一部分将进行各种影像处理。存储卡承担着保存影像处理器所生成数据的任务，在这一部分没有与成像相关的操作。

感光元件

CCD（Charge-coupled Device），中文全称为电荷耦合元件。CCD是一种半导体器件，能够把光学影像转化为数字信号。CCD上植入的微小光敏物质称作像素（Pixel），一块CCD上包含的像素数越多，其提供的画面分辨率也就越高。

CMOS（Complementary Metal-Oxide-Semiconductor），中文全称为互补金属氧化物半导体。早期CMOS传感器的成像质量不及CCD，不过随着技术的不断进步，两者的差异已逐渐减小，同时CMOS低成本、低功耗的优势使得现在CMOS图像传感器的市场占有率已大大超过CCD。

■CCD实物图　　　　　■CMOS实物图

影像感应器的像素

影像感应器由许多感光元件组成，每一个元件称为一个像素。像素的数量对图像质量有很大影响，像素数越多，细节的展示越明显，图像的清晰程度越好。但任何事物都不是绝对的，如果单位面积上感光元件排列过密，势必会造成电磁、磁电干扰和发热量过大（形成"紫边"及"噪点"），所以，购机时要将像素与影像感应器综合考虑。

全画幅　　　APS-H画幅　　APS-C画幅
（36x24mm）　（28.7x19.1mm）　（22.5x15.0mm）
　　　　　　焦距系数1.3X　焦距系数1.6X

■ 全画幅　　■ APS-H画幅　　■APS-C画幅

影像感应器的面积（画幅）

影像感应器按面积分为全画幅与非全幅（APS），非全幅又分为APS-H、APS-C和4/3画幅。影像感应器的面积越大，采集光线的效果越好，画面记录的信息就越多，保留的细节也就越丰富，影像也更完美漂亮。不过，影像感应器面积越大，价格也越高。

■ 全画幅　　　　　　■ APS-H　　　　　　■APS-C

认识数码相机结构

　　不同机型的相机，其外部结构（包括功能键的数量、位置等）会有不同，但主要的功能键、屏幕和主要部件等则基本相同。

正面结构

快门按钮：按下该按钮将释放快门拍摄照片。按钮分两个阶段，半按时自动对焦功能启动，完全按下时快门将被释放。

手柄：相机的握持部分。当安装镜头后相机重量会略有增加。应牢固握持手柄，保持稳定的姿势。

反光镜：用于将从镜头射入的光线反射至取景器。反光镜上下可动，在拍摄前一瞬间将升起。

内置闪光灯：能够在昏暗的场景中，根据需要使用闪光灯来拍摄。在部分拍摄模式下会自动闪光。

镜头安装标志：在装卸镜头时，将镜头一侧标记对准位置。

镜头释放按钮：在拆卸镜头时按下此按钮。按下按钮后镜头固定销将下降，可旋转镜头将其卸下。

镜头卡口：镜头与机身的接合部分。将镜头贴合此口进行旋转，安装镜头。

背面结构

取景器目镜：用于确认被摄体状态的装置。在确认图像的同时，取景器内将显示相机各种设置信息。

菜单按钮：显示调节相机各种功能时所使用的菜单。

眼罩：通过取景器进行观察时，可避免外界光线影响的装置。

屈光度调节旋钮：使取景器内图像与使用者的视力相适应，以便观察。

自动对焦点选择/放大按钮：当采用自动对焦模式进行拍摄时，可选择任意位置。可放大图像进行查看。

十字键：用于移动选择菜单项目或在回放图像时移动放大显示位置等操作。

液晶监视器：观察所拍摄的图像菜单等文字信息。将所拍摄图像放大后对细节部分进行仔细确认。

图像回放按钮：用于回放所拍摄图像的按钮。

删除按钮：用于删除已拍摄的图像。

机顶结构

热靴： 闪光灯等的端子。相机与闪光灯通过触点传输信号。

主拨盘： 用于在拍摄时变更各种设置或在回放图像时进行多张跳转等操作的多功能拨盘。

背带环： 将背带两端穿过该孔，牢固安装背带。安装时应注意保持左右平衡。

ISO 感光度设置按钮： 按下该按钮可改变相机对亮度的敏感度。ISO 感光度是根据胶片的感光度特性制定的国际标准。

电源开关 ： 打开相机电源的开关。当长时间保持打开状态时，相机将自动切换至待机模式以节省电力消耗。

模式转盘： 可旋转转盘以选择与所拍摄场景或拍摄意图相匹配的拍摄模式。

侧面结构

外部连接端子： 用于连接相机与外部设备的端子。确认能够连接使用的设备，保证进行正确连接。

存储卡插槽盖： 从此处插入用于存储所拍摄图像的各种存储卡。可使用的存储卡类型因相机机型而异。

底面结构

电池仓盖： 可装入附带的电池。安装时应确保采用正确方向插入，使电池的端子部分朝向相机内部。

三脚架接孔 ： 用于安装市售三脚架接孔。螺钉规格基于通用标准，所以可连接任何厂家的三脚架。

机身和LCD显示屏

数码单反相机的机身，按材料可分为3大类，金属机身（主要材料为铝合金）、塑料机身（主要材料为工程塑料，镜头为金属接口）和混合机身（机身顶盖和后盖采用镁合金，其他机身部分采用工程塑料）。

类型	重量	强度	价格	应用类型	产品应用
塑料机身	轻	低	低廉	低端产品	尼康：D3500/D5100 等，佳能：600D/800D 等
金属机身	重	高	较高	高端产品	尼康：D300S/D700/D3X/D500 等 佳能：7D/1Ds Mark III /5D Mark IV等
混合机身	中等	适中	适中	中端产品	尼康：D7500/D90 等，佳能：60D/77D 等

液晶监视器

数码相机与传统相机的一个最大区别就是它拥有一个可以及时浏览图片、即时取景的屏幕，称为液晶监视器，一般为液晶结构（LCD，全称为Liquid Crystal Display）。衡量一个LCD优劣的技术参数主要有两个，屏幕大小和显示像素。屏幕大醒目，屏幕小则不易于观察；像素高清晰明了，像素低则相对模糊。

■ 固定式液晶监视器

■ 旋转式液晶监视器

液晶监视器又分为固定式和可旋转式两种，前者最大的优点就是安装牢靠，不易损坏；后者最大的优点是浏览、取景方便。

肩部显示屏（肩屏）

数码单反相机的辅助屏位于快门旁，称为肩屏。使用肩屏可快速查看、设置光圈、快门、对焦方式、测光方式、ISO、剩余内存或拍摄张数以及拍摄方式等日常使用时经常使用的参数。比总是看液晶监视器要省电得多，并且通过肩屏改变相机设置时，速度也提高不少。

■ 肩部显示屏（肩屏）

📷 图像存储格式

数码单反相机图像格式通常分为JPEG、TIFF、RAW等。由于使用数码单反相机拍下的图像文件很大，储存容量却有限，因此图像通常都会经过压缩再存储。

JPEG图像

JPEG格式是一种支持8位和24位色彩的压缩位图格式，文件后辍为".jpg"或".jpeg"，是目前网络上最流行的影像格式。

在 Photoshop软件中以JPEG格式存储时，共有11级压缩级别，以0~10级表示。其中0级压缩比最高，影像品质最差。但即使采用细节几乎无损的10级质量保存，压缩比也可达 5：1。JPEG格式的应用非常广泛，特别是在网络和光盘读物上，都能找到它的身影，所以被称为万能格式。

■ JPEG图片

RAW图像

RAW文件是一种记录数码相机感应器的原始信息，以及由相机拍摄所产生的一些原始数据（如ISO的设置、快门速度、光圈值、白平衡等）的文件。RAW是未经处理、也未经压缩的格式，可以把RAW理解为"原始影像编码数据"或形象地称之为"数字底片"。

RAW的最大优势是保存了最原始的CCD数据，记录了最原始、最真实的信息，为后期制作留下了广阔的可操作性。以下图为例，左图为RAW影像，右图为经过后期处理的照片，两张照片风格迥异。

「光圈：F16　曝光：1/60s
ISO：100　焦距：38mm」

同时得到RAW和JPEG图像

以佳能相机为例，拍摄时可进行如下设置：先选择"画质"，再选择"图像记录画质"，如要得到较小的照片，也可选"RAW+JPEG"格式，然后选择"确定"。拍摄之后查看，就会看到两张影像完全相同的照片。点属性，就会看到RAW影像文件比JPEG影像文件大几倍。各品牌相机显示不尽相同，只有部分数码单反相机才有这种功能，并且要安装相机随附的光盘软件才能打开RAW格式文件。

养护相机的细节

在掌握了基本摄影知识之后，就可准备进行实际拍摄了。应在检查并确认相机各部分功能的同时，对部分功能进行调节以保证使用时的舒适、得心应手，保证拍摄出精彩的作品。

确保有充足的电量

对于数码单反相机来说，电池是最重要的附件之一，如果电池没有电，就不能进行任何操作，因此，检查电池容量是拍摄前的必备工作。

在不拍摄时还应该经常用布清洁电池触点或对电池外壳是否出现破损进行检查。

另外，电池的性能会随温度变化而有所变化，当温度过低时是无法发挥出其应有性能的。在冬季或低温地区进行拍摄时，如果携带了备用电池，应注意避免其直接接触外界低温环境。

检查电池容量后，打开相机电池仓盖，插入已充满电的电池。插入时应使触点朝向相机内部，在确认方向后插入。

■ 电池安装示意图

存储卡也很重要

用于记录相机拍摄图像的存储卡，不管其体积多小，其实都是非常精密的电子产品。正是因为体积小，更需要多加注意。另外要注意，存储卡与相机间采用电路连接，在数据处理指示灯点亮期间，不管出现什么状况，都不要打开存储卡插槽盖并拔出存储卡，否则不仅可能丢失所存储的图像数据，而且可能导致存储卡损坏，所以使用存储卡时应非常小心。

关闭电源

将存储卡插入存储卡
插槽内（注意方向）

关闭存储卡插槽
盖，打开电源

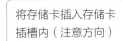

插入存储卡之前，应首先关闭相机电源。注意电源开关的位置和形状因相机机型不同而异。

将相机适用的存储卡按正确方向插入。使存储卡贴有标签的一面朝向自己插入相机。

使用三脚架固定相机

对于三脚架来说，我们必须在重量和便携性上做一个选择。你能扛得动的最重的三脚架对于你来说是最好的选择。如果三脚架本身的重量还不够稳固，在使用的时候还可以附加一些额外的重物，如石块、摄影包等。

使用三脚架时一定要确认所有可活动的部位都已完全锁死，任何松动的部位都会把震动放大。选择放置三脚架的位置时也应尽量选择坚固并有一定摩擦力的平面。例如，在光滑的瓷砖地面上，用手向下按压三脚架的云台，几乎所有三脚架都会有一定的滑动。但如果是在野外拍摄必须将三脚架架在松软的土地上时，就应事先把各条腿都压实，固定好，有脚钉的最好使用脚钉。使用各种云台时，应该尽量保证相机、镜头的重心在三脚架的中心线上，这样可在一定程度上将机身上的振动吸收。

■ 三脚架实物图

检查相机设置

设置感光度

ISO感光度是对光的灵敏度的指数。实际拍摄中，有很多禁止使用闪光灯的场所，但不用闪光灯则可能得到模糊的照片。而有时若使用闪光灯，被摄体又会产生反光而影响画面。遇见以上情况就需调节ISO。但是若提高ISO设置会使照片的颗粒感变得比较严重，这就需要我们根据情况灵活选择。ISO有100、200、400等值，感光度值越大越适合用于光线昏暗的场所，但却会损失色彩的鲜艳度和自然的感觉。

当我们想让拍摄效果更好的时候，可将ISO设置为100，而在光线不足时可将ISO设置为400。如果要防止在昏暗场所中发生手抖，就可以将ISO设置成400。ISO感光度提高一档后，将快门速度提高一档能进行基本同样的曝光（光圈保持不变）。

基本操作区的ISO感光度设置

常用 ISO 设置

	自动	人像	风光	微距	运动	夜景人像	闪光灯关闭
普通（无闪光灯）	自动设置	100	自动设置	自动设置	400	自动设置	自动设置
使用内置闪光灯	400	100	——	400	——	400	——
使用外置闪光灯	100	100	100	100	400	100	——

※在ISO100~400间自动设置　※白天逆光下设置为100

右图为不同感光度设置下的像素排列对比。

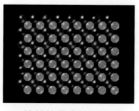

■ 从前的像素排列方式

■ 高ISO时临近的都是相同色彩的像素点

设置存储格式

数码单反相机存储格式一般为JPEG、RAW和JPEG+RAW格式。不同的存储格式带来的画质不同，拍摄时应根据画面用途进行选择。

示例：EOS 550D 的记录画质（有效像素数量 1800 万）

记录画质模式	记录像素数	用途
JPEG 中	3456×2304 像素	A4 打印
JPEG 小	2592×1728 像素	L 尺寸打印
RAW	5184×3456 像素	后期处理

※记录画质模式的种类以及记录像素数因机型不同而异

设置白平衡

白平衡的英文名称为White Balance。物体颜色会因投射光线的颜色产生改变，在不同光线的场合下拍摄出的照片会有不同的色温。例如，在钨丝灯照明的环境中拍出的照片可能偏黄。一般来说，CCD没有办法像人眼一样自动修正光线，这就需要我们设置白平衡。

手动设置白平衡时，灰色物体或白色物体面积应至少占据取景器2/3大小，手动设置白平衡不需要相机对参照物聚焦，所以可把相机改为手动对焦模式，把镜头设为无限远对焦，只要拿一张纸片就能在镜头前完成手动设置。另外在设置手动白平衡时最好关闭曝光补偿。

■ 设置白平衡示意图

设置对焦方式

数码相机有多种对焦方式，自动对焦、手动对焦和多点对焦等。手动对焦是指拍摄者对镜头的对焦距离进行手动选择；自动对焦是由镜头对被摄体进行检测，确定其位置并驱动镜头的镜片进行对焦；多点对焦，或多重对焦，适宜在对焦中心不在图片中心的时候使用，可以设置对焦点的位置及对焦范围，利用多点对焦可得到与众不同的画面效果。

■ 设置对焦方式示意图

镜头的保养

相机镜头是一个非常精密的光学仪器，镜头的镜片通常是由玻璃组成的。虽然玻璃是一种硬度比较高的物质，但一次不正确的擦拭却可能对镜头造成永久性的创伤。清洁镜头时，应先用气吹将表面的浮灰吹干净，然后用小刷子轻轻刷去比较顽固的污渍，最后将镜头清洁液喷在镜头纸上，拿镜头纸以圆周运动轻轻从镜头中心往边缘擦拭。相机的保存要远离灰尘和潮湿，在保存前，应先取出电池，并把皮套、机身和镜头上的指纹、灰尘擦拭干净。如果数码相机长时间不用，应取出电池，存放在有干燥剂的盒子里。

■ 相机包实物图

拍好照片的守则

　　要拍摄一张清晰的照片，使用三脚架是最好的选择了。不过，在许多场合下，拍摄者可能并未随身携带三脚架，因此，掌握良好的拍摄姿势，是拍好照片的一个重要因素。采用正确的姿势持机不仅能够让我们顺利完成拍摄，而且会最大限度保证所拍照片的质量。

拍摄姿势要正确

横向持机

　　在横向持机时，左手从镜头下方托住相机保持稳定。收紧双臂以免相机出现抖动。

　　双臂张开，上半身就会处于不稳定的状态，应避免采用这样的姿势。

纵向持机

　　在纵向持机时，握持相机手柄的手既可位于上方也可位于下方。当握持手柄的手位于上方时，手臂更容易张开，要特别加以注意。

　　位于上方的手臂张开了，这样持机非常不稳定，可以说与单手持机没有什么区别。

从低位拍摄

　　在降低重心拍摄时应将右膝支撑地面，用左膝支撑手臂，以防止出现纵向手抖。

实时显示模式拍摄

　　当采用实时显示模式进行拍摄时，更容易发生手抖。拍摄时应夹紧双臂、从下方支撑相机，保持稳定。

拍出清晰照片的方法

反光镜预升

　　拍摄时，由于反光镜的移动会产生机震，而机震会造成相机轻微的震动，造成图片模糊。而利用反光镜预升功能，就能有效避免这种情况的发生。在按下第一次快门时，反光镜先升起，再次按下快门时，快门释放，再进行曝光，这样就能够有效避免机震，使照片更为清晰。

■ 反光镜实物图

使用快门线

　　传统胶片相机或者数码相机都会遇到因为按下快门时用力过人而导致相机震动与歪斜的情况。而在使用数码单反相机时，拍摄者可使用快门线进行拍摄。快门线是一种控制快门的装置，长度约为十几厘米到几十厘米，一头连接快门，一头用手按动操作，用来降低手抖造成图像模糊的几率，以免破坏画面的清晰度。

■ 快门线实物图

打开机身（镜头）防抖

　　镜头防抖是指在镜头设计中，将其中一片镜片元件设计为可活动的，可以根据感应到的拍摄者手部移动自动调整镜片偏折角度，以尽可能抵消手部移动造成的模糊，得到清晰锐利的影像。机身防抖是指感光元件（CMOS/CCD等）可以活动，根据感应到的用户手部移动自动调整感光元件位置，从而抵消手部移动造成的模糊，最终形成清晰锐利的影像。

使用三脚架

　　不论是对于专业摄影师还是摄影爱好者而言，三脚架的作用都是不可忽视的，使用三脚架能够在很大程度上稳定相机，以得到某些拍摄效果。最常见的就是在长时间曝光时使用三脚架。如在拍摄夜景时，曝光时间需要延长，此时拍摄者就需要使用三脚架。稳定的三脚架是拍摄高水准照片的好帮手。

利用最佳光圈

　　大多数变焦镜头的最佳光圈是F8~F11，用这些光圈拍摄的照片画质最好。光圈过大和过小都无法得到较好的画质。使用最佳光圈拍摄的照片清晰度高，但也不可只注重镜头的成像质量，拍摄时还要考虑画面各部分所需要的图像质量，因为光圈不同，画面景深也不同。

「光圈: F10　曝光: 1/1250s
ISO: 200　焦距: 10mm」

■ 拍摄上图时，拍摄者使用最佳光圈，远景中的云朵轮廓清晰，与蓝天形成鲜明对比。

手机摄影

　　通常大家都会使用手机的照相功能，将自己看到的事物记录在手机上，这种记录性质的拍照就叫手机拍照。这是属于手机的一种记录功能，画面不会有什么美感，也不讲究构图，有些主体本身就不具备美感，更没有曝光的概念。看到了，就不假思索地将其拍下来，就是大家所理解的手机拍照，这种行为的意义仅在于记录。

什么是手机摄影

　　手机摄影同单反摄影在概念上是相通的，虽然手机的设置功能没有单反相机那么丰富和强大，但是也有一定的调整功能，当然这只是从器材设置方面而言。

　　手机摄影不只是简单地将景物记录下来，而是需要拍摄者有一定的运用画面语言表达的能力。相信每个人对美都具有一定的感知能力，但是不一定具备提炼能力。以拍摄花卉为例，拍照的话只是单纯记录，如果懂一些摄影的理论知识与技巧、对构图与光线有所了解，并懂得如何通过手机镜头来表现，就会拍出不一样的画面。既可以表现成片的花卉，也可以表现单支的花卉，还可以表现微观世界下的花卉。除此之外，还可以从构图上分成封闭式构图的花卉和开放式构图的花卉，而在光线表达上也有很多种。可以是逆光半透明的花卉，也可以是侧光很有立体感的花卉。

■ 左图，拍摄者手持手机，站在距离主体3～5米的距离拍摄。枝条错落有致地散落，桃花争先恐后地绽放，好不热闹。

■ 右图，拍摄者手持手机，站在距离主体侧面1米的距离拍摄，这样可以更近距离地展示花朵的样子。采用侧光凸显花朵的纹理，也丰富了画面的层次感。

手机摄影与单反摄影有何不同

从两者的性能比较来说

虽然在摄影本质上使用数码专业相机拍摄，与使用手机拍摄并没有区别，但是两者在功能上还是具有很大的差异。

从操作的便利性来说，手机当然远胜于专业的数码相机，随手掏出来就可以进行拍摄，而且隐蔽性非常强，是喜欢拍摄街头纪实题材的摄影师最喜欢的拍摄器材。由于手机拍摄的隐蔽性，拍摄者和周围的路人没有区别，在记录各种典型瞬间时更得心应手。

从照片的质量来说，手机远逊于专业的数码单反相机，尤其是在弱光下使用手机所拍摄出来的照片，基本只能够起到一个记录的作用。这是因为手机感光元件的面积，远远小于专业的数码相机，手机的感光元件面积约是一部单反相机感光元件面积的1/25，成像无法与单反相比。

从反应的速度来说，使用专业的数码相机能够在0.5～1.5s内完成所有拍摄，而手机从开机到选取相机到对焦再到按快门平均需要3～5s，如果选用安卓的手机，可能还需要面对系统运行速度。

从可玩性来说，专业数码相机的镜头可选择性远胜手机，可以选择广角、长焦或微距等不同类型的镜头，扩展拍摄的题材以及效果，手机虽然也可以使用外接的一些附加镜头，但是光学质量都比较差。

从拍摄难易程度来说

相对于专业的数码相机，手机拍摄原理及操作方法都非常简单，即使是一个完全没有学过手机摄影的人，拿起手机也能够顺利地按下手机上的相机快门按钮，从而得到一张照片。

而如果想要较好地使用专业的数码单反相机，就非常复杂，首先要搞懂相机的各个按钮的使用方法，还要弄明白相机菜单命令各个选项的含义，另外还必须精通光圈、快门以及感光度等专业的摄影理论，如果希望拍出更好的照片，那么对于相机所使用的一些附件，如镜头、三脚架以及滤镜，还要有比较深入地了解。

■ 右图，拍摄者在景区游玩时，采用中景构图方式拍摄公路以及远处的山峰。平行手持相机，对焦公路，按下手机快门按即可。

从两者的相同处来说

使用手机进行摄影与用专业数码单反或者微单相机进行摄影，虽然在各个方面都有很多不同之处，但是两者在摄影本质上是相同的，因此也具有非常多的共同点。

首先，无论使用什么器材进行拍摄，都必须具有发现美的眼力。

其次，由于本质上都是摄影，所以无论使用哪种器材，在拍摄的时候都必须遵循一些共同的理念，例如形式美的法则，光线与色彩的美学原则。

最后，由于使用这两种器材所拍摄出来的都是数码照片，所以都必须要进行后期处理。不同之处在于，使用专业的数码相机拍摄出来的数码照片，可能使用的是Photoshop这样专业的后期处理软件来进行处理，而使用手机拍摄出来的数码照片在手机上使用简单的后期App就可以，而且效果更多样化，可玩性更高。

使用手机后期App还可以通过选择不同的模板，将照片进行拼接，做成海报或明信片等样式，处理起来要比在电脑上方便许多。

■ 上图，拍摄者利用手机的相机360App拍摄山村景色，再通过360App软件后期处理使得照片中夕阳的色彩更温暖，前景也有了明暗变化，相比处理前美感更强，晚秋的氛围更浓郁。

■ 左图，拍摄者利用手机，采用中央构图拍摄美食，近景拍摄更能展示美食的细节。

平板摄影

与拍摄常识 可更换镜头数码相机

因为手机随身携带方便、易操作的特点，所以它已经成为人们的日常拍摄工具。另外，平板也成为人们常用的摄影工具。平板与手机配合使用可能会拍出意想不到的效果。下面我们以iPad为例介绍平板摄影的基本要领。

平板摄影顾名思义是用平板拍摄的照片。总体来说，平板摄影、手机摄影及单反摄影三者息息相通，拍摄用光、构图等技巧互通。拍摄者可以使用平板自带的"相机"App拍摄照片，还可以从"App Store"下载"轻颜相机""美图秀秀""图虫"等App进行拍摄。通常，第三方摄影App拥有修图功能，拍摄者利用修图功能可以自动设置图像的风格、色调等，这些修图功能就好比单反相机的模式转盘。

下面介绍使用iPad拍摄照片的步骤。

Step 01 打开iPad，点击主屏幕的"相机"App，进入"相机"拍摄界面。

Step 02 显示屏最左侧为焦距，调整合适的焦距，对焦被摄主体。

Step 03 按下屏幕中的"Home"按钮即可拍摄照片。

Step 04 进入照片编辑界面，可以选择的照片色彩有鲜明、鲜暖色、鲜冷色等，此处选择鲜暖色，保存照片。

Step 05 与原始照片对比，照片的色调变得更加柔和。

Chapter
02 取景决定表现内容

取景就是把镜头前的景物，有选择地、合理地安排在有限的画面中，艺术地表现出来。只有合理取景，才能拍摄出让人满意的画面。

拍摄远景

好多初学者都会将取景和构图混为一谈，这是因为在大多数情况下，取景和构图作为摄影中的两个步骤，既紧密相连又相互依存。可是二者之间也存在着一些本质的不同。取景，顾名思义就是通过取景器，将眼前的景物有选择地框选圈定；构图则是一旦选定好景物后，对所选的景物进行摆布和分配。也就是说，取景是拍摄前确定的方针，而构图是方针确定后要实施的策略。下面首先介绍有关取景方面的几个主要方法及一些基本常识。

拍摄山景

拍摄大幅远景照片时，当机位确定后，如改用中长焦镜头加以拍摄，画面中所涵盖元素就会相应减少（亦或说进行了局部的放大和景深的压缩）。从场景、场面上来看，相比一般镜头拍摄到的画面清晰，但范围较小，而从艺术层面来看，两种照片优劣难辨，各有风情。

■ 上图拍摄者在拍摄时，将远山、近岭、古长城和晨雾一并纳入取景框之内。如此取景不但凸显了古长城，还因为场景较大，使得整个画面层峦叠嶂，显示出恢宏的气势。

「光圈：F11　曝光：1/125s　ISO：200　焦距：24mm」

 技术提高

综上所述，要拍摄此类较大场景的照片时，起码要具备两个方面的条件：第一，拍摄的机位要高；第二，镜头的焦距要短，或二者兼备。

■ 左图中虽主体更凸显，可缺少上图中的气势，画面略显狭小过于紧凑。

「光圈：F11　曝光：1/125s
ISO：200　焦距：50mm」

拍摄城市

当我们置身于一个城市之中时，更多的是活动在地面的某一角落，极少登高远望。可是一旦登临高处加以俯视，原本的一段马路、几栋住宅便会以整条、整片的形式呈现在眼前。因此，拍摄这类照片时，在取景上要注意以下两点。

画面中的某些建筑要有代表性

一座具有代表性的建筑是一座城市的名片，在取景时应将具有代表性的建筑纳入画面。拍摄下图时，拍摄者除了将构成一座城市必不可少的民居、高楼和街道拍摄进来，还特意把纪念碑、纪念馆也纳入画面，从而使得照片更具代表性。

■ 上图中拍摄者站在高处向下俯视拍摄景物，将远处的街道和建筑物摄入镜头，以两座高楼为中心点，马路为辅助点，展现城市风景。拍摄者无须虚化背景，清晰对焦全景展示出城市的车流穿梭的景象。

[光圈：F13　曝光：1/200s　ISO：200　焦距：70mm]

注意天空的取舍

遇到较好的天气或拍摄地点有绿色植被时，在取景时要多保留一些天空，并在前景中纳入一些植物。这样，既对城市的面貌有一个直观的介绍，又能在扩展画面空间的同时，为照片增加生机。

■ 以右图为例，天朗气清，画面左下角的植物绿意盎然，生机勃勃。远处的城市风貌也得到很好的展现，画面丰满充实，生动自然。

[光圈：F10　曝光：1/125s
ISO：100　焦距：22mm]

41

大场景要有气势

　　拍摄一个较大的场景时，应注意使纳入画面的所有元素紧密围绕主题。如若发现取景器中存在着有碍观瞻的"碍眼"点时，要想办法在取景时避开它（如变换拍摄角度或更改镜头的焦距）。总之，拍摄大场景时虽然要注意强调场面的宽与阔，但也不能因片面追求画幅宽广而让个别元素给画面"添乱、增堵"，说得通俗一点就是，宁缺勿乱。

■ 左图中拍摄者利用房屋所在的位置形成对角线构图，一分为二的画面使原本杂乱的画面显得协调。左下角错落有致的房屋与右上角空旷的大海形成了繁简对比。

「光圈: F16　曝光: 1/200s
ISO: 200　焦距: 50mm」

■ 上图为拍摄者为我们展现的一片候鸟栖息的湿地。拍摄者在取景时让湿地的水面、芦苇和天空各占据1/3的画面，使画面显得既有层次又有空间感。另外，拍摄者还特意在候鸟飞起的瞬间按下快门，使画面更具节奏感和动感。

「光圈: F8　曝光: 1/125s　ISO: 200　焦距: 35mm」

拍摄中景

中景拍摄时横竖构图都比较合适，拍摄者能发挥的空间较大。横幅构图给人的感觉更为真实；竖幅构图则能够更好地展现被摄体的形体特征。中景能够充分展现被摄体，让其最美的一面呈现在画面之中。

表现事物局部

如果把拍摄大场景照片比作长篇大论的全面介绍和系统总结的话，那么，拍摄中景则可比作对一个环境、一座建筑、一个角落或一种行为，有重点、有突出地加以概括和集中。由于拍摄这类题材能把观者的视线从广阔的空间收缩到较小的范围，因此从取景的掌握上就相对简单、灵活一些。这种取景方式在日常的生活摄影中应用较多。

一般来说，拍摄中景照片对拍摄角度、镜头焦距和光圈大小等没有特别要求，只要主体能拍全、景深能覆盖主要景物就行。拍摄建筑类题材时，在取景上只需注意在将主体拍全的同时，适当在主体周围留一点空间。

[光圈：F11　曝光：1/160s　ISO：100　焦距：70mm]

■ 右图，拍摄者以建筑物的局部构造作为表现对象。中景构图，使得布达拉宫被拉近，有利于观者观察宫墙的细节。浓重的色彩体现出了藏族建筑的特色，白色的墙壁象征着圣洁，庄严。

■ 上图拍摄于秋日黄昏。由于是傍晚时分拍摄，画面中夕阳西下、云霞满天，给人一种"醉在深秋"的感觉。

 技术提高

试想一下：如果在取景时，不将飞过的鸟儿纳入画面，照片是否会显得单调、呆板呢？在拍摄风光类中景照片时，虽不要求像拍摄全景时"求全"，但可根据具体情况，适当在画面中增加一个"亮点"，以起到"画龙点睛"的作用。

[光圈：F5.6　曝光：1/200s
ISO：200　焦距：30mm]

拍摄人物中景

　　拍摄这类照片时，在一般情况下不用拍全身（也不要求只拍头部），通常在取景时只选取人物的半身或大半身进入画面即可。可是，单凭这一点很难将一个人物的生活背景、此时此刻的心情等表现出来。这就要求我们在取景时纳入一些和人物相关的元素，如服饰等，充实画面，传达情感。

「光圈: F2　曝光: 1/160s
ISO: 100　焦距: 83mm」

■ 右图拍摄者采用中景构图拍摄室外摄影作品，中景人像能够较好地展现人物的上半身与面部妆容。中景构图也很好地展现出了模特的身形特征，在服饰的搭配作用下，展现出模特婀娜多姿的身材曲线。

 技术提高

人像特写拍摄小技巧

1. **大胆裁切：** 被纳入照片的部分越多，需要控制的元素就越多，构图的难度也就越大。大胆裁切是一种很好的解决方案，最常见的是突出表现被摄者的眼睛和嘴唇。
2. **营造画意：** 拍摄人像特写时，我们可以将道具等作为构图元素纳入画面，营造画面氛围。
3. **眼神的交流：** 绝大多数人像特写拍摄中，模特都注视着镜头，自然而然地与观者进行着"交流"。这种特殊的"指向性"如果利用得当，有时会获得别样的效果。
4. **调动模特的情绪：** 可以在拍摄前告诉被摄者想营造的画面感觉，与模特多做交流。
5. **注意美姿细节：** 在拍摄时，还需要注意模特特征和仪态细节，扬长避短。

「光圈: F2.8　曝光: 1/2500s　ISO: 200　焦距: 200mm」

■ 左图表现了草原牧民。为了说明被摄者喜悦的原因，拍摄者特意将出生不久的羊羔纳入镜头，这样比单一突出面部表情更有说服力，画面表现力得到了增强。以上这些都是拍摄中景的优势。

表现故事情节

　　拍摄中景照片在取景上没有一个定式，只要画面中的元素能把照片想表现的意思囊括其中即可。侧重一个情景要突出主题，也就是说，一张照片要有一个明确的中心内容，不能过于杂乱，画面要简洁，主次分明，而且对主题的位置、方向，应在作品中合理安排。

「光圈: F5.6　曝光: 1/1000s
ISO: 400　焦距: 100mm」

■ 右图是一幅抓拍，两只鸟以面对面的姿势捉虫子。从画面中的方向看过去，好像热恋中的两只鸟互吻对方，瞬间增加了画面的故事情景。拍摄者以水作为背景，映射下的倒影打破了平静。主体层次分明，又不失乐趣。

■ 上图中，拍摄者展现了黄昏时分海边的一个情景。为了将现场气氛烘托出来，在取景时特意多留了一些天空和海面，并且将游客和沙滩纳入画面，营造了情景交融的氛围。　　　　「光圈: F10　曝光: 1/1250s　ISO: 200　焦距: 200mm」

突出重点

特写是摄影的一种特殊表现手法，通常指拍摄人像的面部，或被摄体的一个局部。因其取景范围小，画面内容单一，可使被摄体从周围环境中凸显出来，得到强调。

人像特写

拍摄时，被纳入照片的元素越多，取景时的难度也越大，所以，为了凸显某一细节，在取景时进行大胆裁切是一个很好的取景方法。由于人物特写在拍摄题材中占据了很大的比例，所以本节专门介绍拍摄人物特写时要了解的相关内容。

「光圈：F2.8　曝光：1/1000s
ISO：200　焦距：100mm」

■ 右图拍摄者对女孩的头部进行特写拍摄。特写不仅能够很好地表现出模特的脸部轮廓，而且也能突出模特精致的五官。双手托腮的动作使画面中的模特显得更加俏皮可爱。

人物的双眼始终是特写拍摄的重点，除此之外，儿童俏皮的鼻子也是需留意的重点之一。拍摄人物特写照片时，除了可选取正面侧面角度进行直接拍摄，还可以选取镜面等作为第三方媒介辅助拍摄，以形成别样的画面效果。

■ 上图儿童特写，面部表情生动活泼，俏皮可爱，儿童视线给观者留下了很大的想象空间，画面艺术性和创意性得到了增强。

「光圈：F2.8　曝光：1/20s　ISO：100　焦距：112mm」

技术提高

人的每个部位都可以作为主体，当然最常见的是重点表现眼睛和嘴唇。人物的眼睛往往是画面中最重要的部分，可以将其理解为（特殊艺术创作除外），在取景时人物其他器官都可以不纳入画面，惟独眼睛不可不在其中；手的姿态在人像摄影中也非常重要，如果表现充分，也可让画面更加生动（尤其是在拍摄儿童和少女的照片时）。

拍摄小景

　　游走于名山大川之间，拍摄到的大场景、大场面的照片的确可带给观者很大的视觉冲击力。但摄影的题材十分广泛，从这一点上说，在自家拍摄一些花鸟鱼虫，在方寸之间展示出一朵花、一只飞虫、一只家雀等，虽称不上大手笔、大制作，却也能得到令人赏心悦目、别致精美的小品效果。

■ 右图为拍摄者抓拍的行走在路上的鸟儿。两个主体位于画面中央，一前一后，鸟儿宝宝紧跟着妈妈，画面生动可爱。

「光圈: F2.8　曝光: 1/200s
ISO: 100　焦距: 100mm」

　　拍摄此类小品照片时，画面中的元素注定不会很多，这就更需要在取景时把主要元素摄入其中（比如花的芯、虫的嘴等）。不然的话，会因画面元素过少而有违"小而精"的拍摄初衷。

■ 上图中，拍摄者通过光线作用形成的明暗对比表现了花朵的形状和颜色，使花朵看起来十分鲜艳，富有质感。

「光圈: F8　曝光: 1/160s　ISO: 100　焦距: 100mm」

■ 右图为拍摄者近距离拍摄的蜜蜂，绿色的背景将其衬托得活灵活现。准确清晰地对焦突出了蜜蜂的真实感。

「光圈: F2.8　曝光: 1/2500s　ISO: 200　焦距: 100mm」

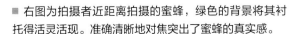

微距摄影

微距摄影是指拍摄出与实际物体等大（1∶1）或比实际物体稍小的图像。例如，要拍摄一朵直径为21.6mm的花朵，它能填充全画幅相机（斜线长度为43.3mm）的一半面积。进行微距摄影时，对器材及拍摄者技术的要求都很高，具体到取景上，需注意以下两点：

要事先观察

最好要在拍摄前观察好被摄体的形状、形态，选好拍摄角度，以便将被摄体最美的一面展现出来。

■ 右图拍摄者将花卉置于三分线上，利用大光圈，以较低的角度拍摄绽放的花朵。暗绿色的背景与花朵形成了色彩对比，花朵上的露珠给画面增添了生气。

「光圈：F2.8　曝光：1/160s　ISO：100　焦距：200mm」

留有余地

在拍摄体积较小的昆虫时，由于其体积较小且景深较浅、画面较窄，且昆虫在不断运动，所以在取景时除了要尽量选取简洁、色彩单一的景物做背景外，还要注意在其运动方向的前方留有一定空间。否则很可能在完成一系列准备后按下快门的瞬间，发觉主体已经移（飞）出画面之外。

■ 左图拍摄者采用特写取景，从拍摄者的角度看去，植物的生长姿势形成一条斜线，不仅引导观者的视线，而且增强了画面的动感。停留在植物枝茎上的露珠有序地排列着，有很好的韵律感。露珠倒映出的影像是最大的观赏点，表现出"画中有画"神奇效果。

「光圈：F2.8　曝光：1/250s　ISO：200　焦距：200mm」

Chapter
03 构图使照片更具美感

根据题材和主题，把要表现的被摄体适当地组织起来，构成一个协调完整的画面的过程就称为构图。本章将详细为您讲解常见的构图形式，帮您得到更好的作品。

「光圈：F7.1　曝光：1/100s　ISO：200　焦距：24mm」

 认识构图

在摄影中，构图是指将画面元素组成整体，并使之具有一定审美价值的手法。通常情况下，新颖独特的角度能带来更为优秀的作品。可见，构图对摄影来说意义非凡。

什么是构图

摄影艺术被称为"用光作画"，因此也有人将摄影中的构图比作传统绘画中的"章法"。

说得直白一些，可将摄影中的构图简单地理解为在取景器的框架之内所进行的主次关系的确定、疏密之间的梳理、位置及大小的确定等。虽无硬性规定（也就是俗称的"画无定法"），但正如自然界中其他事物都有其普遍规律一样，构图时所追求的画面平衡、各物体要素之间的内在联系等也有一定的规律所循。

什么是摄影构图？从广义和狭义两个方面来阐述构图的定义。

广义上的摄影构图包括拍摄题材的选择、拍摄主题的确定、画面形式的表现、造型技巧的运用等问题。简单地说就是对摄影创作的整体把握与安排，是拍摄者创作思想的实现。

狭义上的摄影构图是指在拍摄中对画面的布局，结构和效果的安排与把握，也就是把点、线、面、光、影、色等通过一定的技术方法及技巧进行有机的结合。

简单来说构图就是发现、选择、布局、安排、组织结构的艺术，把画面中的视觉符号有机地结合起来，在达到深化表现主题的前提下形成视觉上的美感。

「光圈：F2.8　曝光：1/160s
ISO：400　焦距：100mm」

■ 左图，拍摄者采用大光圈虚化背景突出呈棋盘式的花朵，明暗对比突出了花朵的色彩。简洁的构图使画面富有形式美感。

构图的目的作用

首先，作为一名拍摄者，我们要相信对任何事物而言，无论它是平淡或宏伟、重大或普通、华丽或朴素等，都包含着其独特的视觉美，而我们就是要发现并使用手中的相机记录下这个美点。

构图是摄影创作的骨架，决定着摄影作品的成败，无论拍摄任何作品，我们都可以从形态、线条、质感、明暗、颜色及光线等方面进行观察，并结合各种造型手段，在画面中生动、鲜明地表现出被摄体的特点，使之符合人们的视觉规律。著名摄影大师罗丹所说"美到处都有的，对于我们来说，不是缺少美，而是缺少发现美。"

具体而言，构图的目的就是强调、突出被摄体，舍弃那些一般的、表面的、烦琐的、次要的东西，并恰当地安排被摄体、选择环境，使作品的表现比现实生活更完美、更有冲击力、更具艺术效果，从而将一个拍摄者的思想情感传送给观者。

「光圈: F2.8　曝光: 1/800s
ISO: 100　焦距: 80mm」

■ 左图，三分法构图突出了人物主体，位于左侧的陪体竹篮起到了平衡画面的作用。

「光圈: F3.5
曝光: 1/100s
ISO: 100
焦距: 14mm」

■ 右图拍摄者采用侧拍角度拍摄街道艺术品，为表现出雕塑的立体感采用侧拍，同时结合具有纵深透视效果的背景建筑，引导观者的视线延伸向远处，画面也更具立体感。明亮光线的照射使得鲜艳的色彩与背景形成对比。

学会从摄影角度观察构图

在拍摄之前不妨问自己以下问题：

为什么要拍摄这张照片？——确立拍摄的目的。

向观者展示什么？通过摄影传达你的感受，亦即照片的主题。

这是不是最好的被摄体——可尽可能去寻找极致的被摄体，画面的表现力会更强。

构图是否有新意？——尽可能尝试一些与众不同的构图。

以上这些问题，只是针对大多数摄影题材时应该考虑的一些通用性的问题，而在拍摄特定题材时，更应该注意以下几个问题。

例如，拍摄山脉时，不妨问下自己，所选择的画面是否准确表达了拍摄主题？是选择长焦还是广角镜头？是否能对画面的立意起到补充作用？这里是不是最佳的拍摄地点、拍摄角度？为什么从这个角度拍摄？是选择横画幅还是竖画幅拍摄？是选择早上还是晚上拍摄更好一些？是选择快速捕捉拍摄还是长时间曝光拍摄？

「光圈：F10　曝光：1/2s
ISO：100　焦距：26mm」

■ 左图，拍摄者站在高处俯拍风景，视野更加开阔，容纳的景物更多，给人居高临下的感觉。结合横画幅更是彰显山川景色大气磅礴的气势。拍摄者将拍摄时间定为上午8:00左右，此时的光线属于散射光。柔和的光线照射使画面色彩真实。山脉层次清晰。明暗分明的效果使得画面显得硬朗，突出了山脉强烈的质感。近景、中景、远景逐一望去，增强了画面的空间距离。

「光圈：F2.8　曝光：1/320s
ISO：100　焦距：65mm」

■ 左图，拍摄者将横画幅构图应用在环境人像题材中，既符合人眼的视觉习惯，也可以给人更为自然、亲切的视觉感受。横画幅的运用使得主体留有很大的画面空间，画面不会太单一，也不会太拥挤。

构图中的主体与陪体安排

　　摄影中的主体就是画面中的趣味中心所在，也是画面的观赏点，它在画面中起着举足轻重的作用。而合理地安排主体是体现构图好坏的重要标准。陪体是画面主体的陪衬，用来渲染主体，并同主体一起构成特定情节的被摄体，它是画面中同主体关系最紧密、最直接的次要被摄体。

　　"主体"即指拍摄中所关注的主要对象，是画面构图的主要组成部分，也是集中观者视线的视觉中心和画面内容的主要被摄体，还是使人们领悟画面内容的切入点。它可以是单一被摄体，也可以是一组被摄体。

　　从内容上来说，主体可以是人，也可是物，甚至可以是一个抽象的对象；而在构成上，点、线、面也都可以成为画面的主体。主体是构图的行为中心，画面构图中各元素都围绕着主体展开，因此主体有两个主要作用，一是表达内容，二是构建画面。

「光圈：F5.6　曝光：1/250s
ISO：100　焦距：300mm」

■ 左图中的主体是物，画面中主体荷花与背景形成了色彩对比，从而使主体更加突出。九宫格构图使得画面主体位置安排合理得当。

　　主体是整个画面的重点，是拍摄者所拍摄的主要对象，它通常都承载着拍摄者想要表达的含义；陪体在画面中往往与主体构成一定的情节，以帮助表达主体的特征和内涵。两者相互结合，充分体现，画面才能充满生机。注意陪体的安排不能喧宾夺主，例如，可用比主体小的物体作为陪体，如果陪体是比较大的物品，则拍摄者可以适当地裁切构图，使陪体以合适的比例出现在画面中，展示出画面的美感。

「光圈：F8.0　曝光：1/800s
ISO：200　焦距：50mm」

■ 右图由于表现的是三分身人像，如果将整个花折伞纳入画面，花折伞占据画面的比例比较大，有压制主体的可能。拍摄者将花折伞在画面中的比例缩小，对强调主体起到重要作用。身着旗袍的女孩手持花折伞，使画面充满民国风情。

经典构图法则

了解和掌握多种经典构图法则，可以提高作品的美学价值，拍摄出更多具有较高艺术水平的照片。

黄金分割与三分法

黄金分割构图能够使构图和谐美观。对于拍摄者来说，可以将黄金分割点看作是创作作品时的切入点，将主体安排在分割点位置，通常可以使拍摄的画面达到令人满意的效果。黄金分割公式可以从一个矩形来推导，将正方形底边分成二等份，取中点x，以xy为半径作圆，圆形与正方形底边延长线的交点为z点，这样将正方形延伸为一个比率为5:8的矩形，y'点即黄金分割点（如右图所示）。

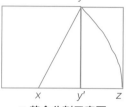

■ 黄金分割示意图

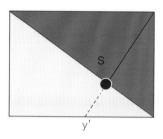

连接该矩形左上角和右下角做对角线，然后从右上角向y'点作一线段交于对角线，这样就把矩形分成了三个不同的部分（如左图所示）。实践证明，被置于画面中这个点（S点）的被摄体，最容易吸引观者目光，而且作90°、180°旋转（甚至作镜像翻转）后依然如此。

■ 下图为拍摄者采用黄金分割构图法抓拍的停落在花朵上的蜻蜓。画质细腻富有质感，展翅的蜻蜓正好位于照片的黄金分割点上，巧妙地吸引了观者的目光，照片别有一番情趣。

「光圈：F11
曝光：1/200s
ISO：200
焦距：55mm」

 技术提高

竖画幅中的三分安排与横画幅是相同的。拍摄者在采用竖画幅构图，若是横向三分线，则会突出画面的稳定感；若是纵向三分线，则会增强画面线条感。

「光圈：F5.6　曝光：1/1250s
ISO：100　焦距：35mm」

■ 左图，拍摄者采用三分法构图，高原位于画面底部1/3之处，天空占据了2/3的画面面积，让整个画面构图分配合理。前景树枝的遮挡显得天空不是那么突兀，同时逆光作用使树叶呈现出通透效果。

三分法则实际上是黄金分割的简化版。其基本方式是将画面分别用横、竖两条线段进行三等分，这四条线段的交叉点就是上节介绍的黄金点，而分别占据2/3、1/3的色块区域则常在构图中被作为安排主体或背景的区域。采用三分法构图的基本目的就是避免对称式构图，使整个画面显得呆板乏味。在风光题材中，此种构图形式较为常见。

「光圈: F9
曝光: 1/1000s
ISO: 200
焦距: 17mm」

■ 左图画面景色大气壮丽，山峦将画面分为三部分，给观者别样的层次感。

■ 右图中，采用三分法拍摄到的场景宏大壮美，画面稳定，犹如名家山水画卷。

「光圈: F5.6
曝光: 1/800s
ISO: 200
焦距: 35mm」

「光圈: F4.0　曝光: 1/1600s
ISO: 200　焦距: 17mm」

■ 在遵循三分法构图的基础上，如将画面中的主体至于黄金分割点上，还会给画面增加亮点，使其更为引人入胜。以右图为例，近处海岸横向的礁石与远处地平线上的礁石共同形成了九宫格的骨架，远处的地平线处于黄金分割线上。

 技术提高

九宫格构图的四个交点是制造视线焦点的位置，构图时在这四个交点的安排被摄体，可以起到立竿见影的作用。若要掌握好四个交点之间的平衡，将景物安排在四个交点的顺序不同，其视觉效果各异，拍摄者应在实践操作过程中积累丰富的经验，灵活应用九宫格构图法。

水平线构图

水平线构图是以水平的一条或几条线条将画面分成若干部分，给人以平静、安宁、稳定、舒适之感。常被应用于平静的湖泊、茫茫草原等题材的拍摄之中。

利用此种方式构图时，如果在黄金分割点上安排较为明显的建筑或动物等，会给整个画面带来一定的生机与变化。

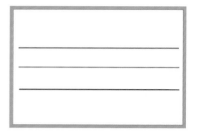

■ 水平线构图示意图

「光圈：F4　曝光：1/500s
ISO：200　焦距：24mm」

■ 左图表现的是一群草原上放养的羊群，草原和山丘之间的地平线把画面分成上下两部分，给人以祥和与安宁之感。

■ 上图，拍摄者将水平线安排在画面下方1/3处。这样，天空占据画面2/3面积，重点表现天空、山脉的形态。蓝色的天空给人以清淡的感觉，结合水平线构图，进一步突出画面宁静的氛围。

「光圈：F11　曝光：1/250s　ISO：200　焦距：19mm」

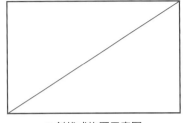

斜线式构图

相对于水平构图而言，斜线式构图要相对活泼一些。斜线可以是一条或几条倾斜的地平线，也可以是建筑物自身的线条。它能使画面产生动感，而画面中被摄体的动感程度与拍摄角度有关，角度越大，被摄体的动感越强烈。斜线式构图常用来表现运动、流动、倾斜、动荡、失衡、紧张、一泻千里等场面，还可引导视线走向或回归到某一特定的主体。

■ 斜线式构图示意图

「光圈: F16　曝光: 1/200s
ISO: 100　焦距: 400mm」

■ 上图，模特靠在倾斜的树木上，树木本身在画面中形成了对角构图，并且模特的姿势也与树木形态相似，在肢体动作上也形成了对角线构图。模特的姿势恬静而优美，充分体现了享受大自然的惬意和舒适。

「光圈: F16　曝光: 1/125s
ISO: 200　焦距: 14mm」

■ 上图，拍摄者利用直观意义上的对角线构图方式来表现建筑物。拍摄者与墙壁成30°角进行拍摄，墙壁延线伸向远处，并形成对角线构图，画面给人一种延伸的感觉，并且墙壁上的雕刻也呈现出近大远小的视觉效果。

对称式构图

在自然界中有很多对称的景物，如建筑物、门上的把手等，拍摄这类对称式的物体，能使画面呈现一种稳重、平和的效果。但是，这种构图形式也有其自身的缺点，如较为呆板、缺乏变化等，因此，多被应用于建筑或追求特殊风格的题材拍摄之中。

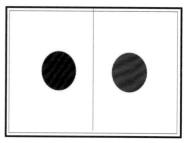

■ 对称式构图示意图

「光圈：F2.8　曝光：1/800s
ISO：200　焦距：100mm」

■ 上图为拍摄者采用对称式构图拍摄的一幅典型的对称画面。独具中国特色的木门上，两个铜把手细节丰富，上面的福兽活灵活现、栩栩如生，画面富有质感，韵味颇深。

平静的湖面制造对称效果

水平线构图增强画面宁静氛围

「光圈：F9.0　曝光：1/80s
ISO：100　焦距：16mm」

■ 如果画面中有水，就有可能倒映出岸边的实景，通过倒影与实景共同构成画面，水平面就成为了整个画面的对称轴，使之其形成对称构图。上图，拍摄者以水面倒影来形成对称构图。这种构图使得画面显得虚实有度，从而突出水中有景，景中有物的画面，也让画面显得自然、和谐、具有平衡感。

 技术提高

对称式构图不应单纯对等，而应生动自然，在对等之中有所变化，蕴含图案美、装饰性、趣味性等特色，否则就会流于平淡乏味。

均衡式构图

均衡是获得良好构图的另一个重要原则。在自然界中，一切均衡的结构都能在视觉上给人稳重的感觉。判断一幅照片是否为均衡式构图，可将画面分为四等份（如左下图所示），形成一个田字形，如果在这个田字形的四个格子里都有相应的元素，则各元素之间就形成了均衡感。

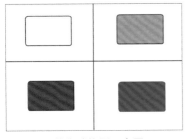

■ 均衡式构图示意图

[光圈：F11 曝光：1/100s ISO：200 焦距：20mm]

■ 右图为拍摄者拍摄的城市一景。画面内容充实，田字形的四个格子内都有相互呼应的景物，给观者以均衡的感受。

注意，这里所说的均衡并非简单的一一对称，因为完全对称、缺少变化的照片常常给人沉闷、乏味之感。

■ 在右图中，两朵芍药分别置于田字格的两个格子内，且一大一小、一前一后、一虚一实，相互呼应，不但增强了画面的稳定性，而且使画面更具层次感和对比性。

[光圈：F5.6 曝光：1/200s ISO：100 焦距：65mm]

垂直式构图

垂直式构图指以竖直景物作为画面主体，能充分显示景物的高大。采用此种构图拍摄，常赋予画面一种坚强感和庄严感，常用于表现郁郁葱葱的森林、参天大树、险峻的山石、飞泻的瀑布、摩天大楼，以及竖直线形组成的其他画面。采用对称排列或多排透视等表现方式，更能增加画面的形体效果。

■ 垂直式构图示意图

「光圈：F8.0　曝光：1/200s
ISO：200　焦距：30mm」

■ 上图，拍摄者截取竹子的局部进行取景拍摄。竹子又细又长，借助竹干的笔直形态，在画面中形成多条垂直线，不仅展示出了郁郁葱葱的竹林，也使竹林画面富有节奏感。

■ 左图为拍摄者展现的位于画面左侧三分之一处的路灯。画面丰满充实，视觉效果良好。路灯前实后虚，使画面具有延伸感，延展了画面空间。

「光圈：F1.8　曝光：1/5000s　ISO：200　焦距：135mm」

 技术提高

将画面一分为二的垂直线能够创造强烈的形式感，在拍摄时需要注意，不能让不同层次的线条产生延伸关系。如果在拍摄人像时，被摄者头顶"长"出一棵树来，将会成为构图的硬伤、误笔，从而直接影响人像画面的美观。

三角形构图

三角形构图是指以三个视觉中心作为景物的主要位置，或以三点成面的几何构成来安排景物，形成一个稳定的三角形。这种三角形可以是正三角也可以是斜三角或倒三角，其中斜三角较为常用，也较为灵活。三角形构图具有安定、均衡但不失灵活的特点。

此种构图形式是将单一呈三角形的物体（或将多个单一的物体）作为主体，进行拍摄。此种构图最大的特点就是画面具有良好的稳定性。

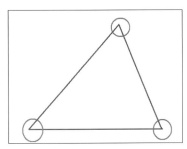

■ 三角形构图示意图

┌ 光圈: F7.1　曝光: 1/3200s
　ISO: 250　焦距: 52mm ┘

■ 上图为拍摄者采用三角形构图拍摄的具有草原风情的景物。拍摄者以天空为背景，山丘做映衬，画面充实又富于变化。三角形构图给人以稳定感。

此种构图形式中的主体既可呈正三角形，也可以呈倒三角形或斜三角形。在拍摄时，呈斜三角形的主体较为常见，使用此种形式既能得到较好的稳定性，也能避免画面过于刻板。

┌ 光圈: F7.1　曝光: 1/125s
　ISO: 200　焦距: 50mm ┘

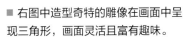

■ 右图中造型奇特的雕像在画面中呈现三角形，画面灵活且富有趣味。

S形构图

　　S形构图是一种经典构图方式。画面上的景物以S形曲线的方式分布，具有延长、变化的特点，使画面看上去有韵律感，产生优美、雅致、协调的感觉。当要采用曲线形式表现被摄体时，首先应该想到运用S形构图。S可以看作圆的演变，是两个半圆连接变形的一种形态。它曲曲弯弯，像流淌的溪水，飘浮的彩云，具有一种流动的美感。线条是构图的要素之一，曲线则是线条中最具有美感的一种。S是曲线的组合和延伸，而S形构图，实质上就是一种富有变化的曲线构图。这种构图形式能为画面带来美感，使画面更为活泼。

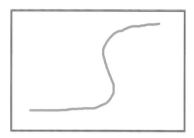

■ S形构图示意图

「光圈: F4.5　曝光: 1/1000s
ISO: 125　焦距: 15mm」

■ 左图是拍摄者采用S形构图拍摄的，表现了沙漠荒丘的蜿蜒曲线，线条幽长，富于变化，加之沙漠特有的骆驼群，更添西部风情。

　　S形构图在人像摄影中最为常见，S形构图形式分为两种，即人物姿态的S曲线构图和背景的S曲线构图两种。两者有一定区别，人物姿态的S曲线构图可突出女性完美的身体曲线，令人物更加生动而优美。背景曲线构图则可以突出画面的流动性，增强画面的美感。

「光圈: F5.6　曝光: 1/400s
ISO: 100　焦距: 75mm」

■ 左图，模特侧身面向镜头，侧身拍摄使得模特的身体轮廓线条得到了较好地呈现，也让画面形成了S形构图，展示出模特的身材曲线。

棋盘式构图

棋盘式构图主要是指同一属性的物体以一种重复统一的形式出现，这种构图方式能让画面中的物体之间有直接或间接的呼应关系，从而达到均衡统一的画面效果，让画面产生一种优美的韵律感和统一感。

要想展现棋盘式构图，必须要选取部分区域或大片区域取景构图，这样才能展现出多个重复元素，并让这些元素增强画面的冲力。棋盘式构图一般适合表现大片的花卉、森林、山峦等有一定规律性的物体，从而表现出较多画面元素，增强画面的饱满性。

■ 右图，仙人球以棋盘式的形式存在于画面中，给人协调的整体感与抽象的形式感，红绿形成的色彩对比则丰富了视觉效果。

「光圈：F2.8　曝光：1/128s　ISO：135　焦距：400mm」

■ 右图，拍摄者使用长焦镜头拍摄花卉，俯拍更好地展示出棋盘式构图样式。呈棋盘状分布的花卉带给人多而不乱的感觉，虚实对比，主次分明，和谐而不凌乱，展示出大自然赋予生命的真谛。

「光圈：F3.2　曝光：1/250s　ISO：100　焦距：170mm」

 技术提高

在拍摄重复性的被摄体时，应选取色彩丰富、造型乖巧或简单的物体。这是由于棋盘式构图原本就具有强烈的重复感，如果纳入复杂的元素，则会显得画面较为杂乱，给人视觉混乱的感受。

框架式构图

　　框架式构图也是众多构图技巧中较为常见的一种。在画面主体或需要强调的部分前选择一个富有变化的"框"（如下图所示）把主体围起来，可集中观者视线，引导其透过这个"框"去观察画面要突出表现的主体。所谓的"框"可以是拍摄环境中的门框、窗口、隧道、山洞等各式物体，把它们作为画面的前景具有高度概括的作用，画中有画。

[光圈：F5.6　曝光：1/200s　ISO：100　焦距：30mm]

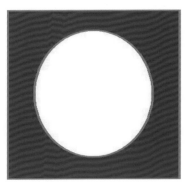

■ 框架式构图示意图

■ 左图中，拍摄者巧妙地利用了汽车车窗特有的轮廓，突出展现了富有明清特色的建筑，独特的前后景搭配给人古代与现代相融合的感觉。

■ 上图的构图更独具匠心，拍摄者在选取门楼作为框架的同时，也清晰展现了远处的建筑，以强烈的透视效果向观者呈现了这一巧妙的画面。

[光圈：F11　曝光：1/500s　ISO：200　焦距：20mm]

■ 左图拍摄者利用光的明暗勾勒出富有质感的长城，岁月流逝的沧桑感瞬时呈现在观者眼前。特殊的框景之后另有一番景色，使画面极具变化。

[光圈：F2.4　曝光：1/250s　ISO：200　焦距：45mm]

特殊的构图方式

拍摄时，如果按照传统构图方式进行拍摄，很可能得不到有新意的照片。要拍摄出具有特别效果的照片，可以尝试一些有创意的构图方式。很多摄影师在构图时往往会坚持选择自己最拿手或众所周知的规则，反倒失去了很多拍摄富有戏剧性效果照片的机会。其实，构图特别的照片往往会显得格外生动，不同凡响。

艺术形式是多变的，适当地改变一下拍摄位置可以拍摄出效果独特的照片。我们可以考虑一下这些拍摄位置：跪在地上、坐在地上、趴在地上、躺在地上，甚至将相机放在地上。这些拍摄方法会产生比较明显的透视和失真效果，使画面更具新意。

适当留白营造画面空间感

留白原指中国传统绘画中的一种艺术表现方式。通过留出一些空白，可营造视觉上的层次感，增大观者的想象空间，丰富绘画本身原有的意义。

「光圈：F1.4　曝光：1/80s　ISO：400　焦距：50mm」

■ 上图为拍摄者拍摄的柔和光线下的清纯美女。人物侧面的留白使画面显得与众不同，人物主体越发清晰。

留白能使照片呈现一种全然不同的气象。内容的缺失并不意味着观者视线的转移。实际上，留白往往能提高关注度，因为它让被摄体更为凸显，并为观者留下更多的想象空间。适当留白能使画面效果更为理想。

■ 左图为拍摄者拍摄的白墙灰瓦的徽派建筑。画面主体只分布在右下部分，左上部分的蓝天白云恰当地填充了画面，画面显得干净、简洁，表现了建筑别样的古韵。

「光圈：F5.6　曝光：1/250s　ISO：100　焦距：120mm」

将某一主体置于画面的一角或一边（如右图所示）时，能够给观者留下更多思考、想象的空间，使照片显得更为宽广，更有情趣。

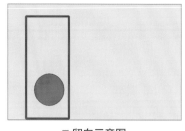

■ 留白示意图

■ 左图拍摄者对照片左下角的荷花清晰对焦，富有变化的构图形式为观者呈现了一幅映日荷花的画面。

「光圈: F4.5　曝光: 1/1000s　ISO: 125　焦距: 47mm」

■ 左图中，一只悠闲的水鸟从画面左上角进入镜头，大幅留白的画面使水面显得更为宽广，画面和谐，极具趣味。

「光圈: F2.8　曝光: 1/1250s　ISO: 100　焦距: 100mm」

留白手法常被用在山水、小品、花卉、运动、艺术类题材的拍摄之中。

除了在构图时选择较为复杂的背景外，拍摄者也可选取较为单一的背景，这样拍出的照片可更具感染力。

■ 上图所拍摄的人物主体位于画面左侧，一对情侣温情相拥，指点风景，画面富有情趣。

「光圈: F5.6　曝光: 1/1000s　ISO: 200　焦距: 100mm」

■ 上图为拍摄者采用留白手法拍摄的悬于夜空的半圆月。画面背景单一，纯净的黑色映衬着皎洁的月亮，具有"举头望明月，低头思故乡"的意境。

「光圈: F5.6　曝光: 1/200s　ISO: 200　焦距: 280mm」

线性透视营造画面纵深感

　　线性透视作为一种空间呈现方式，会使拍摄对象变成斜线，引导观者视线至画面深处，使画面产生极强的动感，并表现出极具纵深感的三维立体效果。

「光圈：F9.5　曝光：1/350s
ISO：100　焦距：40mm」

■ 右图为拍摄者采用线性透视展现的大红灯笼高高挂的山西民居，画面给观者一种真实感，古朴自然。

■ 下图为拍摄者拍摄的向远方延伸的轨道。多条线条在画面最远端交会于一点，深邃而遥远，给人旅途漫漫之感。

技术提高

利用线性透视拍摄的作品中会有消失点，即趋向远方的线条看起来交会在一点之上。并且，画面会呈现强烈的近大远小效果。例如，站在小路一头拍摄沿路两旁的树林时，树木近大远小，能够使观者的视线朝着远方不断延伸开去。

「光圈：F8　曝光：1/250s
ISO：200　焦距：20mm」

「光圈：F4.5　曝光：1/20s
ISO：200　焦距：24mm」

■ 拍摄者在拍摄右图室内空间时，使用多个面来组成视觉空间，并注意到了每个面都应该由独立线条去划分。光影明暗的变化有所不同，避免了重复和平面化。多个平面共同组成了空旷深远的通道，极具透视渐变的视觉效果，画面立体感强。

开放式构图带来更多想象空间

　　如今，摄影师们已经突破了在一个固定的画幅之内完成画面造型任务的局限，观者对画面的审美思维也已经从封闭式思维向开放式思维转变。而开放式构图就是突破画幅固定局限的有力手段，它能够创造更宽广的空间，增加画面容量。

［光圈: F2.8
曝光: 1/320s
ISO: 100
焦距: 100mm］

■ 左图拍摄者所展现的花朵形象并不完整，但画面左侧的留白更凸显了主体——花朵，并延伸到了画外空间，让人感觉还有无数朵娇艳的鲜花在美丽绽放。

［光圈: F1.8
曝光: 1/15s
ISO: 1600
焦距: 135mm］

■ 左图为拍摄者采用开放式构图，拍摄的舞者舞动的身体。宽大飘逸的服装随着舞者有节奏的摇摆飞扬飘逸，给人别样的动感，给观者留下了极大的想象空间。

 技术提高

封闭式构图是用框架去截取生活中的形象，并利用拍摄角度、光线等重新组合出现在镜头内的元素构图方法。构图方法一般都追求画面内部的统一完整与和谐均衡，而开放式构图则在安排画面上的形象元素时，更着重于趋向画面外部的冲击力，不讲究画面的均衡与严谨，强调画内与画外的联系。不要求画面内的形象元素完成内容的表达，而留给观者更大的想像空间。并有意在画面周围留下被切割的不完整形象，特别是在近景、特写中进行大胆的不同于常规的切角处理，为画面留下悬念，显示出某种随意性。开放式画面中的各种元素构成都有一种散乱而漫不经心的感觉，可凸显现场的真实感，使观者由被动的接受转化为主动的思考，让观者也参与进创作中去。

在画面中合理安排多个被摄体

构图最重要的一项内容就是决定把主要被摄体放在画面中的什么位置。许多拍摄者通过保留主要被摄体，其他成分通过作为陪体衬托主要被摄体。这就需要拍摄者通过不同的角度安排画面中的被摄体，从多次尝试中获得最理想的画面效果。

通常简洁的画面更容易突出主体，但也势必会减少画面内容。如果同时安排多个被摄体于画面中更容易烘托拍摄环境的氛围，赋予画面更多的内涵。当画面中的被摄体较多时，要特别注意对多个被摄体进行合理安排，理清主次关系。当然，还可以将多个被摄体按照一定的顺序进行排列，使之成为有规律性的组合，最后拍摄者选择合适的角度进行拍摄。

「光圈：F2.0　曝光：1/20s
ISO：200　焦距：35mm」

■ 右图，画面的主体是两个人物，拍摄者以并列的关系表现画面中的人物。两个女孩互相依偎在一起，相同的发型、头饰搭配，展现出了一幅姐妹花照片。
拍摄者将两位模特置于画面中央，采用中央构图取景，并使用F2大光圈虚化背景，着重突出画面中的两位模特。

「光圈：F2.8　曝光：1/100s
ISO：1600　焦距：100mm」

■ 上图中有数十个小木偶，它们按照队列阵式依次排开，拍摄者采用平拍构图，将这些排列有规律的木偶纳入镜头。不同色彩的木偶不仅吸引着观者的眼球，而且又使画面显得协调。
拍摄者将两位模特置于画面中央，采用中央构图取景，并使用F2大光圈虚化背景，着重突出画面中的两位模特。

在景物中寻找创意点

在某些时候，我们可以利用构图元素组合出一幅"人在画面中，画中有画"的画面，制造出一种环环相扣的意境，这种画面的拍摄可遇不可求。当然，也可以人为摆拍，利用微距镜头捕捉露珠映像的景物，这样的画面会让人有眼前一亮的视觉感受。

「光圈: F1.4　曝光: 1/125s
ISO: 100　焦距: 105mm」

■ 左图，拍摄者使用微距镜头拍摄植物，巧用露珠作为被摄体。画面中的植物以及背景都被虚化，看不到其他景色，但是露珠折射的景象可以看到一朵花朵，给人暇想的空间。
在拍摄这种影像时，可使用三脚架稳定相机，以防相机抖动造成画面模糊。

这种意境的画面比较奇特，画面的组成元素以奇特的表现形式出现在其中，使画面中形成似有若无、虚虚实实的感觉。通常，拍摄者可以利用影子完成创作。这种效果同样能够引发观者对于画面外部的猜想，增加照片的趣味性。

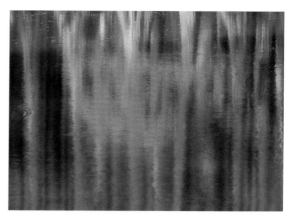

「光圈: F16.0　曝光: 1/200s　ISO: 200　焦距: 40mm」

■ 右图，画面中没有出现实体，而是以倒影的形式出现，将倒影作为画面的主体，为画面营造出一种似有若无的效果。

古诗云"大漠孤烟直，长河落日圆"这样的诗句具有非常强的画面感，因此当拍摄者所创作的作品具有古诗般的画面感时，就会引发观者对其产生的意境联想，进而加深对作品的印象。这是从一个侧面指出了摄影创作的思路，即诗、画结合。

在创作这样的作品时，首先要求拍摄者对所要营造的画面有充分的理解，这种理解不是局限在画面层次上，更重要的是要对所表现的古诗句的理解。另外，还要通过观察发现被摄体潜在的、与众不同的部分，并通过摄影手法将这些与众不同的特点合理地安排在画面中，形成具有特殊韵味的作品。

「光圈: F8.0
曝光: 1/400s
ISO: 200
焦距: 24mm」

■ 太阳与水中的倒影形成呼应，逆光拍摄使大树呈剪影，与亮色的太阳形成明暗对比，形成具有特殊韵味的作品。

［光圈：F8　曝光：1/160s　ISO：100　焦距：24mm］

Chapter
04
光线和色彩的
搭配使用

在这一章中，我们将一起认识不同类型的光线，了解如何恰当运用自然光和人造光，表现人物特点和景观特征，深入体会光影的魅力。光与色彩息息相关。

光和色彩的性质

光线是拍摄者的画笔，是摄影中必不可少的元素，没有光就没有影像。光线对于摄影有很大的影响。光线不仅可以影响画面的明暗程度，还可以影响色彩的变化。拍摄者需要了解什么是光，光是如何影响色彩的。

色彩是光的物理反应

摄影是用光的艺术。英文"摄影"（Photography）一词来源于古希腊语，意为"以光线绘图"。光与影组成了摄影最基本的元素。到底什么是光？从科学和物理学的角度分析，光的本质是电磁辐射。而人眼可见的光，是电磁辐射中一个很窄的波段。

可见光的波长约在350～750毫微米之间，而相机可以记录下的光的范围更窄。当光线进入相机后，感光元件进行感光，一张照片便诞生了。

自然界五彩缤纷，而光线则是传达色彩的使者，没有光线就没有色彩。一旦太阳落山、光线消失，自然界中的一切色彩都黯淡无光，因为一切色彩都要通过光线才能展现出来。光线存在三种最基本的色光，它们的颜色分别为红色、绿色和蓝色。这三种色光既是白光分解后得到的主要色光，又是混合色光的主要成分，并且能与人眼视网膜细胞的光谱响应区间相匹配，符合人眼的视觉生理效应。

万物呈现的色彩除了受到物体本身反射的光线影响以外，还受到色温等因素的影响。就像一张白纸，当用白色的光线照射时，它会呈现白色；当用红色的光线照射时，它会呈现红色。当物体受到光线的照射时，并非将光线全部反射，而是部分吸收、部分反射，反射回来的光的颜色就是我们所看到的物体的颜色。

「光圈：F6.0
曝光：1/640s
ISO：100
焦距：24mm」

■ 左图，拍摄者在白天拍摄风景照片。画面中的光线充实，属于散射光，在光线的照射下，画面中的景物呈现出各种色彩。天空、白云、草地、树木等饱和度自然。正是由于白天，光线反射到人眼，这些色彩才能被人眼清晰地看到。

根据光线强弱拍摄照片

　　光度是指物体的表面受光源的照射所呈现出的亮度。光线的亮度受照度和物体反光率的影响，照度高亮度高，在照度不变的情况下反光率高的物体看起来更亮。光度决定了曝光，与被摄体的色彩、层次的表现有着密不可分的联系。

　　光线强度的变化与距离的平方呈反比，此法适合除太阳以外的常见光源。如右图所示，若将距离光源1米处的亮度定义为1，则2米处亮度为1/4，3米处变为1/9。

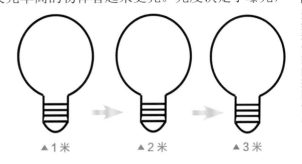

▲1米　　　▲2米　　　▲3米

「光圈: F2.3　曝光: 1/330s
ISO: 100　焦距: 50mm」

■ 在拍摄左图时，太阳光线强度高，被太阳照射的画面因反光率不同呈现出不同的亮度。景、人物都受到强烈的光线照射，黄色树木的明度较高，而绿色、黑色的反光率不高，色彩显得暗。

　　光源发光强度和照射距离影响着光线的照度，照度影响着亮度。在常见光源中，只有太阳的照度不受照射距离的影响，不过其强度会随着时间、季节、天气、纬度的变更而变化。

「光圈: F2.8　曝光: 1/4000s
ISO: 100　焦距: 100mm」

■ 右图，拍摄者于11月份上午9点左右拍摄湖景。光源的强度还不是很强烈，天空距离光源最近，所以天空的光度比较强，呈现出蓝白色彩，树木色彩比较暗。而水面的反光率较高，因此，水面显得明亮。

色彩对画面有什么影响

　　光比是指被摄体受光面亮度与阴影面亮度的比值或主光与辅光亮度的比值。通过光比可了解画面的明暗反差。通过控制光比可控制画面的影调，例如光比为1:16，说明画面光线分布不均匀，照片影调属于低调。光比等于1:2n，n为受光面与背光面或主光与辅光所差的级数，如受光面、背光面测得的曝光读数分别为：光圈：F4.0、曝光时间：1/125s、ISO：200，光圈：F11.0、曝光时间：1/125s、ISO：200，它们的亮度差了3档，则光比为1:2³=1:8。当调节光线强度时，可加强主光强度或减弱辅助光强度，这样会使光比变大；反之，

光比会变小。当调节光源与被摄体间距离时，通过改变距离可使受光面的亮度有所变化，这样光比的比值就会有所变化。拍摄者根据这些变化营造不同的影调画面。

「光圈：F1.4　曝光：1/100s
ISO：100　焦距：50mm」

■ 左图，画面的受光面与背光面形成了强烈的明暗对比，光比较大。同时，大片的黑色背景形成了低调影像，展示出了明亮处的物品。

光线影响色彩的变化

　　光色即光源的颜色，人们用色温来描述光色，色温高的光线呈现蓝色、蓝紫色，色温低的光线呈现出黄红色、红色。光线的颜色将影响被摄体的色彩和画面的色调，例如黄昏的光线色温很低，黄红色的阳光会与被摄体固有的色彩叠加形成新的色彩，使整幅画面呈现出偏暖的效果。拍摄者也可以人为地改变现场光色，如利用色片改变光线的色彩，利用滤镜改变进入镜头的光线的色彩，利用白平衡设置改变画面呈现的色调等。

▲ 阴天

▲ 日光

■ 上面两幅图，拍摄者通过两种不同的白平衡设置给画面带来光色强弱的色彩表现。
上左图，阴天下的白平衡设置，使画面呈现出一种阴暗、灰沉的气氛。
上右图，在日光下的白平衡设置，画面色调显得自然。

「光圈：F2.8　曝光：1/500s
ISO：100　焦距：165mm」

自然光

自然光线多指太阳光，投射在被摄体上时会因其方向和角度的不同，产生阴影位置和面积的变化，进而使被摄体的影调和色调呈现出明显不同的视觉效果，使观者对被摄体的印象与感觉也发生变化。所以，选择适当的光线，是从事摄影创作不容忽视的第一步。

日光下表现辽阔的自然风光

户外日光是人们最常使用的光照条件，阳光普照的晴天更是摄影爱好者喜欢的黄金时光。充足的光线把万物照射得色彩缤纷，只有选择好拍摄角度，才能够拍摄出立体感强、色彩饱和的照片。晴天阳光的光照极强，利用晴天阳光能很好地表现辽阔的草原，给人水丰草茂、生机盎然的感觉。

「光圈：F18 曝光：1/100s
ISO：100 焦距：18mm」

■ 左图是拍摄者在日光下拍摄的，草原显得大气磅礴。大面积的云朵完美地填补了画面，远处的云层、流向远方的河水与近处起伏的地势相互对比、相互呼应。画面富有高低层次变化，空间感强，生动自然。

「光圈：F11 曝光：1/750s
ISO：100 焦距：18mm」

■ 右图是在自然日光条件下拍摄的，画面清晰，空间感强，给人辽远的感受。蓝天、云朵、山脉、湖水、岩石，按由远及近的顺序呈现在观者眼前，作品内容充实饱满，完美展现了明媚日光照射下的辽阔湖面。

日光下表现活泼的户外场景人物

户外场景人物是广大摄影爱好者十分喜爱的拍摄对象，明媚的阳光为人物拍摄提供了良好的照明条件，使画面中的景色富有生气，人物明亮突出，色彩鲜艳。光与影相辅相成，光越强，影越深，更有利于展现画面的美感，拍摄出既赏心悦目，又体现一定内涵的户外人像。

「光圈：F2.8　曝光：1/2000s
ISO：200　焦距：100mm」

■ 左图为拍摄者拍摄的明亮日光下穿着和服的日本少女，户外的拍摄环境使画面多了几分鲜活，少了几分呆板，画面富于生活气息，活泼自然。相机清晰捕捉到了人物明媚的笑容，画面和谐自然，色调明快。

 技术提高

在户外无云的蓝天下，所有避光处都带上了一丝蓝色；而在暮日的辉光映照下，所有的景色都染上了一层橘红色。在如此的环境中，若想让摄得的景色保持原有的色彩，就需要在镜头前装上相应的滤光镜，前一种情况可选用淡红或琥珀色的滤光镜，后一种情况则可选用淡蓝色滤光镜。

「光圈：F2.2　曝光：1/640s
ISO：200　焦距：28mm」

■ 右图为拍摄者利用顺光拍摄的温和日光下的全身人像。人物明亮的衣着色调明快，动作轻盈可爱，画面和谐自然。柔和的光线，更使人物显得光彩照人、亲切可感。女子自然可爱的神色吸引了观者的眼球。

人造光

影室灯、闪光灯等光线是人造工具发出的非自然光线，被称为"人造光线"。人造光线是对自然光线的有力补充，能起到很好的补光和造型作用。

用闪光灯拍摄人像

在室内拍摄的一个缺点就是光线不够理想。大部分情况下，室内光线都比较暗，这时，闪光灯显然是一种非常有效的人造光源，功能强大而且使用多样化，不但可以保证在昏暗情况下拍摄出清晰明亮的画面，而且能增强造型效果和被摄体的立体感，从而在照片中更好地表现出被摄体的真实面貌。

「光圈：F2.2　曝光：1/80s
ISO：400　焦距：50mm」

■ 左图为拍摄者采用大光圈拍摄的室内的美丽少女。闪光灯下，女孩形态温柔可爱，神情展现到位，主体鲜明，形象清晰可感。画质细腻清晰，很好地还原了女孩的真实面貌，图书馆的学习氛围也得到了良好表现，安静平和。

「光圈：F10　曝光：1/125s
ISO：200　焦距：46mm」

■ 右图表现的是影棚中的人物，闪光灯条件下的人物主体清晰，在黑色背景的衬托下轮廓鲜明，很好地呈现了完美的身形和其发型特质。女子的肌肤在闪光灯照射下显得白皙且富有质感，动作和冷艳的神态与画面色调相吻合，照片整体风格统一，表现力强。

拍摄灯光

　　把灯源纳入照片，并将其置于引人注目的位置，更能突出画面主体。闪烁着的光源发出温暖柔和的光线，形成画面的兴趣点，吸引着观者的眼球。而且，通过灯光的光线照明，能够营造出别样的浪漫气氛和温馨环境。

　　■ 被点燃的小灯作为画面主体出现在上图中，由于画面整体感光不足，微弱的灯光看上去就是一个明亮的点，亮度较低，但在昏暗背景的衬托下显得清晰明确，十分凸显。画面简洁，却更富一种别样的深邃与浪漫。

「光圈：F1.4　曝光：1/20s　ISO：1600　焦距：85mm」

「光圈：F1.4　曝光：1/160s
ISO：1000　焦距：85mm」

　　■ 左图中，灯火点亮的灯笼在暗夜中格外明亮。明亮的灯笼与暗夜的明暗对比强烈，主体更加清晰明显。画面富于古香雅韵，色调温暖，气氛温婉浪漫，在观者面前呈现了一幅意蕴悠长的绝美画面。

 技术提高

　　很明显，拍摄灯光下的场景意味着光线不足。这样拍摄时就必然要放慢快门速度，但这增加了相机抖动对相片的影响。为保证相机尽可能的稳定，可以使用三脚架，也可以考虑使用快门遥控器以避免按下快门带来的震动。

混合光

　　混合光是指两种或两种以上不同属性、不同性质的混合光线，即色温不同的光线相掺。在有阳光的室内，天花板上的钨丝灯泡亮着，透过窗户照射进来的自然光与之相混合就形成了混合光。这种光线不会影响拍摄，照明显得很自然。

利用自然光和人造光拍摄室外人像

　　拍摄过程中遇到混合光，即外面的自然光和闪光灯灯光相掺杂，会形成不统一的色调，拍摄者需要找寻最符合室外少女衣饰或肤色的画面感觉，快速做出反应，才能使画面的基调更具艺术性，也能使作品更为打动人心，充分显示光影的魅力。

「光圈：F4　曝光：1/160s
ISO：400　焦距：80mm」

■ 左图为拍摄者利用混合光线拍摄的人物主体。明亮的人物主体和灰色的背景相映衬，表现了个性十足的女孩形象。画面具有很强的艺术表现力，给人以强烈的视觉冲击和独具个性的美感。

「光圈：F4　曝光：1/80s
ISO：400　焦距：40mm」

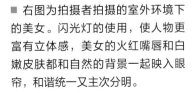

■ 右图为拍摄者拍摄的室外环境下的美女。闪光灯的使用，使人物更富有立体感，美女的火红嘴唇和白嫩皮肤都和自然的背景一起映入眼帘，和谐统一又主次分明。

在户外使用环形闪光灯拍摄

环形闪光灯是专门用来拍摄微距照片的，使用时安装在镜头前端，结合日光，可以使被摄体得到均匀照明，呈现柔和均匀的光线效果，从而使画面清晰明亮，细节展现到位。同时，在近距和微距摄影中，由于被摄体距离镜头很近，如使用普通闪光灯会产生浓重的阴影，曝光量不容易控制，这时常常要用到环形闪光灯。

■ 环形闪光灯实物图

「光圈：F2.8　曝光：1/5000s
ISO：200　焦距：100mm」

■ 左图为拍摄者拍摄的草丛中的娇艳花朵。拍摄者采用环形闪光灯结合日光对洁白的小雏菊进行精细刻画，花瓣和花蕊细节清晰，与虚化的背景形成强烈的虚实对比，纯净的白色与草地的绿色颜色差异明显，更突出了花朵的娇艳美丽。

 技术提高

在自然光下拍摄花卉时，用散射光和逆光容易拍出较好的效果。散射光柔和细致，反差小，能把花卉的纹理和质感表现出来；逆光能勾画出轮廓，使质地薄的花卉透亮动人，并隐去杂乱的背景。在强烈的阳光照射下，使用顺光和侧光都不容易把花卉拍好。而雨后的清晨是拍摄花卉的好时机，此时花卉洁净娇艳，空气清新，透视度好。在散射光下拍摄花卉时，也应该细致地把握光线的角度，顺光和侧光的效果大不一样，要细心观察，小心运用。

「光圈：F2.8　曝光：1/1600s
ISO：100　焦距：100mm」

■ 右图表现的是美丽的月季。拍摄者使用环形闪光灯，真实再现了艳丽的红色，使大气雍容的鲜花在瞬间跳出了繁杂的枝叶和暗色的背景。画质细腻，主次分明，为观者展现了一簇层次感强、美艳动人的花朵。

■ 这张照片为我们展现了室外条件下花瓣散落在草地的美景。画面自然而简单，元素之间和谐而互补，强烈的色彩差异和随意自然的布局使画面流露出轻松而不加修饰的美。摄影离不开光，有光才有影。摄影就是用光来作画的，而如何利用光与影的关系来构成影像和影调，是摄影创作的关键。被摄体的印象、感觉，包括影调和色调都会因光线的变化呈现不同的视觉效果。所以，选择适当的光线，包括适当的光线方向和角度是从事摄影创作不容忽视的重要步骤。

「光圈：F4.5 曝光：1/640s ISO：250 焦距：35mm」

 硬质光

硬质光即强烈的直射光，如晴天的阳光、聚光灯、回光灯的灯光等。硬质光照射下的被摄体的受光面、背光面及投影非常鲜明，明暗反差较大，对比效果明显，受光面的细节及质感表现良好，画面有力度，较为鲜活。

用硬光拍摄山峰

强烈的硬质光更能展现奇峰林立、沟壑纵横的高大山体。断崖峭壁如刀削斧劈，山脊沟壑棱角分明，给人以极强的视觉冲击，让人不禁感叹大自然的鬼斧神工。

「光圈：F4.5　曝光：1/250s
ISO：200　焦距：100mm」

■ 左图为凸显于群山中的高大山峰。硬质光很好地表现了山体的棱角分明，画面的蓝灰色调更加强了冷峻的效果，使画面中的山峰更显挺拔峻美。

「光圈：F16　曝光：1/50s
ISO：100　焦距：18mm」

■ 右图为拍摄者拍摄的小河流过的山谷。画面中群山的受光面和背光面明暗对比鲜明，反差较大，形成了极富力度的视觉艺术效果。同时，远近的高低对比使画面富有层次感，空间效果强烈，为观者展现了宽广幽深的山间景象。

 技术提高

在摄影中妥善地运用硬光可取得以下效果：被摄体投影鲜明浓重；光影对比强烈，对表现物体的立体感具有明显的作用；色彩非常饱和；造就独特的戏剧气氛，使照片产生动人的魅力。

用硬光拍摄男性

　　男人的帅气分为很多种，有的英俊潇洒，有的野性诱惑，但无论如何，都有着男性特有的硬朗魅力。硬质光用在男性摄影中，正好能够准确刻画男性深邃的眼神和健壮的身体，使作品自然天成，并增强人物的立体感和画面的视觉冲击。同时，适当的后期处理能让画面效果更为理想。

「光圈：F11　曝光：1/180s
ISO：100　焦距：24mm」

■ 左图为拍摄者在强闪光条件下拍摄的男性。人物身着深色礼服，动作帅气逼人。人物面部明亮清晰，体态特征和脸型轮廓都展现得形象立体。画面细节丰富，硬质光很好地表现了男性的硬朗。

 技术提高

若在室内使用机顶闪光灯拍摄，由于无法改变闪光灯的高度和角度，人物面部容易出现高光。其实，我们可以在闪光灯上包张面纸以减少闪光直接照射面部。而在这种情况下，使用外接闪光灯是最好的方法，这时可采用离机闪光灯或者对着房顶45°闪光，利用光线漫反射给人物整体增加宽度，有效避免面部高光的出现，而且不会在身后的背景上留下难看的影子。

「光圈：F2.8　曝光：1/320s
ISO：200　焦距：100mm」

■ 右图为拍摄者拍摄的强光照明下的男模特。男模特在展台上为观众展示相机，面部表情自然，轮廓得到清晰勾勒。西方人特有的深邃五官富有立体感，面部的明亮部分与阴影部分对比强烈，凸显了男性的硬朗感，与相机气质和风范相吻合。

 软质光

软质光是一种漫散射光，没有明确的方向性，不会在被摄体上留下明显的阴影，如大雾中的阳光，泛光灯光源等。软质光的特点是光线柔和，强度均匀，形成的影像反差不大，主体感和质感较弱。

用软光拍摄儿童

拍摄儿童题材照片时，摄影用光以自然光线为主，以求达到自然真实的效果。软质光的使用更能表现儿童的稚嫩与可爱无邪。另外，拍摄儿童时要注意拍摄时机的把握，美好的情景往往转瞬即逝，拍摄时可让儿童放松，尽情玩耍，这样拍摄出的照片才能更自然、活泼。

「光圈：F2.8　曝光：1/800s
ISO：200　焦距：65mm」

■ 左图为拍摄者抓拍的阴天下的儿童。女孩轻松随意地坐在草地上玩耍，漫散射的光线柔和，照射均匀，很好地表现了儿童特有的细嫩皮肤，白嫩得吹弹可破，让人忍不住想上前捏一下。软质自然光的应用使儿童细嫩的皮肤展露无遗，并使其显得愈发真实。

「光圈：F2.8　曝光：1/500s
ISO：200　焦距：79mm」

■ 右图中，轻柔的软质光并未使儿童的面部形成强烈的明暗反差，反而凸显了其皮肤的光滑细嫩，让人更清楚地看到了儿童娇嫩细滑的肌肤。儿童在镜头前安静的坐着，侧面面向镜头，给人一种安静的感觉。

用软光拍摄静物

　　静物商品的拍摄，需要在真实反映被摄体固有特征的基础上，经过创意构思，并结合构图、光线、影调、色彩等手段进行艺术创作，表现其特有的商品价值和艺术美感。软质光柔和均匀的光线，不会在被摄体上留下浓重的影子，而且能凸显物体的质感与美学品质，效果良好。

[光圈: F4　曝光: 1/25s
ISO: 100　焦距: 18mm]

■ 右图为拍摄者利用软质光拍摄的集市上的玩偶娃娃。漫散射光没有明确的方向性，没有在几个娃娃上留下明显的阴影，给人柔和舒适的视觉效果，且有利于表现静物的细节和形态，突出质感。

 技术提高

静物商品画面的气氛在很大程度上取决于构图中所采用的陪衬物以及背景景物。静物商品主体和陪衬物或者背景景物在画面中的面积比例能够影响画面氛围。主体面积越大，对于商品本身的说明因素就越多。需要注意的是，安排陪衬物体时应该以体现设计意图为准。没有陪衬物体的画面容易让人感到枯燥乏味，而过多陪衬物体的画面，又容易产生喧宾夺主的现象。

[光圈: F14　曝光: 1/100s
ISO: 50　焦距: 100mm]

■ 左图的画面主体是一枚闪亮的钻石戒指。这枚梅花形状的戒指在泛光灯光源的照明下显得夺目闪亮，采用泛光灯而非高强的闪光灯不但使珠宝璀璨的光芒和昂贵的质感得到清晰的展现，而且没有因为过强的光源造成细节的丢失和过亮局部的出现。

📷 不同色彩带给人们的感受

　　当光线变得较强时，此时被摄体反射的光线便会增多，从而进入相机的光线也随之增加。根据光的照射原理可知，反射到人眼中的光线越多越杂，我们所看见的色彩就越偏白。不同强弱光线会产生不同色彩，不同的色彩带给人不同的感受。

利用光线营造暖色调画面

　　暖色调本身影响着人们的情绪，带给人热烈、欢乐、喜庆、庄严、华丽等感觉，还可以借助暖色调烘托出画面温馨的氛围。暖色调基本上是利用暖色系的色彩来搭配画面，如利用红、橙、黄等暖色或者主要含这些色彩成分的色调组成画面。黄色越浓表现得越暖，橙色为极暖调。要想营造出具有暖色调的画面，可以通过以下几种方法实现。最简单的方法就是拍摄具有暖色调效果的景物，如红色背景、红色苹果、红色的草莓、金色的麦田、金秋时节的树叶等。然后再利用柔和的散射光将这些暖色调被摄体的色彩真实还原。注意在拍摄这些具有暖色调的被摄体时，要将被摄体充满整个画面，暖色调被摄体要占画面大部分面积，才能体现暖色调的效果。相机一般将5600K作为白色日光的色温，低于该值视为低色温表现为黄色。因此为了获取暖色调画面，可将相机的色温调高。假设调为7000K，那么低于7000K的光线就会呈现暖色调，从而加强画面的橙色效果。

　　■ 上图，拍摄者表现的是夕阳落日美景。此时的天空呈现出橘黄色，亮度却没有金色光强烈，因此画面更加具有柔和的暖调美。逆光作用下形成剪影的树木纳入其中，使得画面显得不那么单调。拍摄者还将相机内的色温值调为7000K，使色调更加偏暖。

「光圈: F16　曝光: 1/80s　ISO: 400　焦距: 70mm」

利用光线营造冷色调画面

冷色调和暖色调是相对的，暖色调通过暖色系的色彩来搭配画面，冷色调则通过冷色系的色彩来搭配画面，如利用蓝、青或主要含有蓝、青成分的色彩构成宁静的画面。冷色调效果使人产生恬静、闲逸、冷酷、严肃等情感联想，也带给人一种安静、稳定、平和、寒冷的感觉。

要想营造冷色调画面，可以通过以下几种方法实现。

最简单的就是拍摄具冷色调的景象，例如蓝天、山林、大海等。然后利用直射光或散射光来展现不同光质下的蓝色情调，突出画面的各种意境。

「光圈: F7.0 曝光: 1/32s
ISO: 200 焦距: 70mm」

■ 右图，拍摄者在阴天拍摄迷雾笼罩的山景。天空为浅蓝色、山体为深蓝色，透过白白的雾气，营造出山脉与天空相接的飘渺感。在拍摄右图时，若拍摄者设置了钨丝灯白平衡取景，会使画面色调显得更冷。

选择拍摄时间，设置白平衡营造冷色调。在自然界中，蓝色的冷色调画面相对而言更难获得。在一天之中，较为明显的冷色调蓝光出现在黎明前的一刻，此时光是均匀的蓝色，并且没有阴影。太阳升起后，光的质量将迅速发生变化。因此，要想获得冷色调效果，我们可选取白平衡模式中的日光模式，或通过自定义模式输入一个低于5600K的色温值来调整色温。除此之外更为简单的方法就是为镜头安装一个蓝色滤镜，拍摄具有蓝色调的自然景物。

「光圈: F8.0 曝光: 1/8s
ISO: 200 焦距: 18mm」

■ 右图，拍摄者选择在夜晚拍摄城市风光。微弱的月光使得夜空宁静，拍摄者设置低色温，并借助城市的灯光，使天空表现出暗蓝色渐变效果。一轮弯月高挂天空，有种高处不胜寒的感觉。

利用光线表现丰富的色彩

色彩的搭配方式还有很多，如粉色系搭配给人可爱的感觉，棕色及其相邻色的搭配给人以高贵的感觉，紫色及其相邻色的搭配给人以典雅、妩媚的感觉等。色块的布局方式则使画面显得简洁、大方，这些都是常见的色彩组合方式。

不同的光线对于这些色彩会产生不同的效果，白天的光线要比晚上强烈，所以，在白天的光线照射下，画面显得明亮。采用顺光、侧光、前侧光、顶光等光位，可以突出被摄体丰富色彩，而逆光容易出现剪影，不利于画面色彩的表现。

「光圈：F11　曝光：1/24s
ISO：100　焦距：24mm」

■ 左图，晴朗天气的光线给被摄体提供了充足的光源，使得画面中的色彩丰富、鲜艳。各种对比色、相邻色搭配在一起，十分鲜艳。在前侧光作用下，背阴处产生了阴影，衬托出色彩的明艳。

夜晚一般都是人造光，在这种光线下所拍画面的色彩会比白天稍有逊色。但是，夜晚的光线能够较好地表现局部景观丰富的色彩。夜晚拍摄时，拍摄者多采用侧光、侧逆光、逆光来表现被摄体丰富的色彩。

「光圈：F2.8　曝光：1/30s
ISO：800　焦距：20mm」

■ 左图，拍摄者在夜晚拍摄街道局部一景。借助路灯的光源照射，使得被摄主体的色彩得到体现。被摄主体为色彩丰富的贝壳，背景为多彩的霓虹灯光斑，丰富的色彩搭配在一起展现出夜景华丽、热闹的感觉。

 技术提高

在拍摄夜景时，为了保证画面清晰，三脚架是必不可少的设备。沉重稳固的三脚架能够确保相机长时间曝光而不会产生任何震动。尤其是拍摄者追求低速快门或极高的照片质量时，三脚架是非常必要的。

Chapter 05

不同方向与不同时间段的光线

想拍摄色彩美丽、画面清晰的照片，就需要充分了解不同方向光线在摄影中的表现，并善于利用各种光线进行拍摄。直射光、逆光等光线的运用都会在本章中有所涉及。

［光圈：F6.3　曝光：1/15s　ISO：100　焦距：200mm］

顺光

　　正面角度的顺光也称作正面光，指的是光线的投射方向与拍摄方向相一致的光线。相机与光源在同一方向，正对着被摄体，使朝向相机的物体容易得到足够的光线，显得更清晰。顺光照明光线均匀，阴影较少，能隐藏被摄体表面的凹凸不平，把被摄体的形态和颜色表现得非常到位。但由于光线直接投射，因此难以表现被摄体的明暗层次，侧面不易产生阴影，缺乏立体感，很多情况下被摄体色差表现得不够强烈，容易使画面显得平淡，缺乏艺术性。

用顺光拍摄草原

　　采用顺光进行拍摄，能够使被摄体影像明朗，隐藏其外在形态的瑕疵，得到明亮清晰的画面。

「光圈：F11
曝光：1/1000s
ISO：200
焦距：120mm」

■ 顺光示意图

■ 拍摄者在顺光条件下展现了左图中辽阔的草原和远处的高山景观。在画面整体曝光准确的情况下，更好地表现出了山的轮廓和草原的宽广，给人空旷寂寥之感。

■ 上图在户外日光下拍摄而成，拍摄者运用顺光清晰展现了草原的蓝天和起伏的山丘，得到了一幅典型的草原景象。绵延的群山仿佛远在天边，画面宽广大气，效果较好。

「光圈：F4　曝光：1/500s　ISO：100　焦距：50mm」

用顺光拍摄人像

在顺光环境下，人物受光面积大而且均匀，会显得明亮，少有阴影。柔和的顺光会使画面看起来比较细腻，但不如侧光或逆光那样能够营造出强烈的立体感。人物明暗反差小，有时可能会使画面过于平淡，缺乏层次。所以，我们经常需要运用色彩来增强画面的透视感。

[光圈：F2.5　曝光：1/160s
ISO：125　焦距：100mm]

■ 右图为拍摄者拍摄的一个可爱的小朋友。在顺光条件下，人物主体受光均匀，整体明暗变化不大。拍摄者采用最佳光圈进行拍摄，将人物的细节刻画到位。儿童的神情和体态特征都清晰地展现在观者眼前，主体形象鲜明，让人印象深刻。

■ 左图为拍摄者拍摄的顺光条件下的少女。女孩自然地坐在公园长椅上，动作悠闲轻松，笑颜如花。人物主体受光均匀，形象展现清晰立体，富有青春的动感与活力。

[光圈：F2.8　曝光：1/250s
ISO：200　焦距：95mm]

 技术提高

顺光下拍摄时要注意主体与环境的色调对比，以求主体与环境在亮度和色彩上有明显差异。在使用顺光拍摄人像时，应尽量寻找深色背景或能突出主体的背景。有时候，为了表现出天空的湛蓝色，也多采用顺光进行拍摄。

 **侧光**

　　侧光指从被摄体一侧照射的光线。采用侧光拍摄的照片反差大，影调丰富，色调明快，立体感明显，质感和空间透视感都能得到较好的表现。侧光照射条件下的被摄体一半亮、一半暗，给人的印象强烈。

用侧光拍摄玩具

　　合适的侧光拍摄角度的选择和构图处理可以清晰展现玩偶的外形特征，并使玩偶的色彩得到真实还原。需要注意的是，玩偶的色彩和背景应有尽可能大的反差。除白色物体外，白色背景基本适合所有被摄体的拍摄。拍摄时，自定义白平衡可以保证色彩还原准确。

　　玩偶的质量、质地与质感展现是对拍摄的深层次要求。作为体现"质"的绒毛，拍摄效果要求细腻清晰，一般需要微距拍摄，以及闪光灯和三脚架的配合。

「光圈：F2　曝光：1/150s
ISO：200　焦距：50mm」

■ 侧光示意图

■ 左图中，作为拍摄主体的毛绒玩偶的柔软质感在侧光照射下得到了清晰展现。浅驼色玩偶在虚化的绿色背景的衬托下显得真实细腻，富有立体感，棉软轻柔的质地更显得可爱。玩偶头上的绒毛得到了细致刻画，浓密稀疏对比清晰，真实可感，明快的色调和影调的变化给人以强烈的印象。

■ 右图为拍摄者在侧光条件下拍摄的QQ公仔，其特有的红、黄、黑、白四色得到了准确的色彩还原。玩偶的立体感强，圆润可爱的造型很好地展现在观者眼前。

「光圈：F2.8　曝光：1/125s
ISO：100　焦距：50mm」

用侧光拍摄山峰

采用侧光拍摄山脉会产生浓重的阴影，使山势的质感及立体感得以充分的表现，画面层次丰富。但需注意的是，侧光拍摄时不要对着天空测光，否则容易使山景曝光不足。

「光圈：F11
曝光：1/400s
ISO：200
焦距：100mm」

■ 左图为拍摄者拍摄的陡峭硬朗的山峰。随着山脉的起伏变化，山体的阳面和阴面呈现出截然不同的色彩亮度，恰当地展现了山的硬朗巍峨，立体感强。

山体拍摄用光要点：

拍摄时运用不同方位的光线可以得到景物在形状、颜色上的不同效果。

使用顺光拍摄山体时，画面明亮，颜色明快，阴影少，但缺少明暗层次，不易表现景物的立体感与质感；使用逆光，景物大部分会处于阴影之中，形成强烈的轮廓光；使用侧光则能产生良好的光影效果，使画面比例均衡，并以丰富的影调体现出山的立体效果，微妙地表现出山石的表面结构。

「光圈：F8　曝光：1/125s
ISO：200　焦距：18mm」

■ 右图为拍摄者俯拍的绵延山体，站在山顶俯拍的视角表现出了山势的宽广和深远。侧光使山体产生阴影，山势的质感得以充分表现，画面富有立体感，层次丰富。

 逆光

　　逆光即从被摄体后方照射的光线。从被摄体正面看，主体大部分处在阴影之中，被摄体轮廓光明亮，使这一景物区别于另一种景物，层次分明，能很好地表现大气透视效果。在拍摄全景和远景中，往往会用到这种光线，使画面获得丰富的层次。此外，运用逆光可以拍摄出剪影照片。

利用逆光拍摄剪影效果

　　运用逆光拍摄人物主体，能够增强摄影作品的艺术效果。在逆光的场景下，人物身体的边缘线会清晰地呈现出来，身形轮廓更明显、更漂亮，立体感增强，画面的美感和意境大幅提升。

「光圈: F5.6
曝光: 1/2500s
ISO : 200
焦距: 160mm」

■ 逆光示意图

■ 左图，拍摄者采用逆光拍摄，骆驼、人与沙丘在逆光环境中形成了美丽的剪影，使其轮廓线条更加清晰，背景与前景的明暗对比也突出了画面的美感，像一幅夕阳西下的幽美画卷。

「光圈: F3.2　曝光: 1/40s
ISO: 200　焦距: 20mm」

■ 右图是典型的逆光摄影作品，夕阳西下的傍晚，云朵色彩斑斓。作品明暗对比强烈，为观者呈现了一幅夕阳微光中母子温情的画面。美丽而独特的光影，定格了这一温暖的瞬间。

 技术提高

　　逆光拍摄能更好地营造氛围，特别是在早晨和傍晚拍摄风光时，采用低角度、逆光拍摄，能得到较好的拍摄效果。如果再在画面中纳入薄雾、飞鸟，画面效果就会更好，使作品的内涵更深，意境更高，韵味更浓。

逆光勾勒物体的轮廓

逆光下拍摄时，被摄体与背景间亮度对比强烈，被摄体轮廓清晰。被摄体与背景间阶调差别越大，越能得到突出，而以亮背景衬托较暗的被摄体时，则能得到较明朗的影调效果。

■ 左图为拍摄者逆光下拍摄的山野风光。凸起的山丘在背后阳光的照射下表现出奇特的光芒效果，轮廓清晰。画面的明暗对比强烈，给人一种柳暗花明又一村的感觉。

[光圈：F16　曝光：1/200s
ISO：200　焦距：10mm]

■ 右图为拍摄者拍摄的铁索上锁着的密密麻麻的同心锁。逆光拍摄使阳光从被摄体后面投射过来，形成了独特的光晕效果，而锁的轮廓造型也得到了清晰勾勒。明亮的画面效果与暗色的锁形成鲜明对比，加之对光线效果的清晰捕捉，画面更具浪漫情调。

[光圈：F4.5　曝光：1/1000s
ISO：200　焦距：24mm]

逆光可表现半透明的树叶

逆光拍摄可以对透明或半透明的物体产生透射光，从而使画面产生完全不同于我们肉眼所看到的景象，画面效果奇特，具有别样情趣。

[光圈：F2.8　曝光：1/3200s
ISO：200　焦距：100mm]

■ 左图为拍摄者逆光下拍摄的竹叶，明媚的光线从被摄体的背后射入，透过轻薄的竹叶，使其呈现特别的半透明效果。斑驳的影子依稀落下，多片树叶的明暗、色调对比强烈，给人丰富的层次感和极强的空间感。

顶光

顶光，即光源从被摄体的顶部垂直向下照明，与相机成90°左右的垂直角度的照明光线。夏天中午的阳光是典型的顶光。被摄体在顶光照明下，水平面明亮，垂直面阴暗。人物在这种光线下，五官多处于阴影之中，容易造成一种反常奇特的形态，不利于塑造人物的美感，所以顶光较少用于人物拍摄。一般来说，运用顶光是不容易进行拍摄的，但在有些题材中，拍摄位置恰当也可获得较好的影调效果，如拍摄顶光条件下的高大建筑、艺术品等。

利用顶光拍摄建筑

在顶光照明下，景物的水平面照度大于垂直面照度，景物的亮度间距大，缺乏中间层次。适合用来表现较大范围的高大建筑，并能很好地把建筑的宏大和层次表现出来。

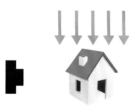

「光圈：F2.8　曝光：1/400s
ISO：200　焦距：14mm」

■ 顶光示意图

■ 右图为拍摄者仰角拍摄的顶光下的摩天大楼，高大的建筑高耸入云，顶端位置因光线照射已模糊不清，更凸显了建筑的高大，给人无尽头般的感觉。强烈的线性透视效果更给人以高大的感觉。

技术提高

正午时分的顶光可以用来做轮廓光，勾勒主体轮廓，或利用反光营造高光效果，表现主体质感。

「光圈：F7.1　曝光：1/250s
ISO：64　焦距：7mm」

■ 左图为拍摄者仰拍直指天空的现代摩天大楼。多座高楼连接，向观者展现了摩登城市特有的景象。在强烈的顶光照射下，建筑的上半部明亮洁白，下半部因为其他建筑的遮挡则呈现冷色调，形成强烈对比，画面空间感极强。

利用顶光拍摄艺术品

利用顶光拍摄艺术品，即采用单灯硬光，被摄体的明暗反差较大，甚至会在被摄体上形成明暗对等的两部分。这样的顶光会使物体有雕塑感，立体感强，对质感的表现力非常强。

〔光圈：F5.6　曝光：1/80s
ISO：800　焦距：250mm〕

■ 右图为拍摄者拍摄的一枚造型奇特的戒指，形状轮廓勾勒清晰，艺术品线条具有美感，画面主体细节丰富。戒指主体贵金属的质感和其所镶嵌宝石的晶莹剔透展现无疑，二者完美结合，在顶光光线下显得流光溢彩。

 技术提高

拍摄艺术品主要依靠室内灯光，光线的投射方向对于艺术品的表现十分重要。顶光多用于对器物顶部和腰部造形的展现。光的强弱，应依不同艺术品的特征而异，光的主次也应伴随器物造型各部位的主次关系而分别安排，不分强弱主次一概采用大亮光是没有艺术表现力的。

细节展现到位，顶光将珠宝首饰晶莹剔透、熠熠闪光的特质刻画得十分清晰，画面主体突出。

〔光圈：F5　曝光：1/100s
ISO：800　焦距：131mm〕

■ 右图为拍摄者利用顶光拍摄的价值不菲的珠宝。高光极好地展现了宝石的璀璨闪耀，细节清晰，使观者细致入微地观赏到了这一昂贵艺术品的真实面貌。戒指饱满晶莹，雕塑感强，给人高贵典雅的感觉。

清晨的光线

　　清晨室外的色温较低，我们能够看到大自然不同于平常的一面。清晨时刻也是对太阳直接表现的最佳时机，拍摄日出可以说是专业的风光摄影师最为关注的题材之一。

光线的特点

　　清晨时分的自然光光线温和，太阳角度低，不仅可以表现景物更多的细节，长长的影子也会塑造出较强的立体感。天色对于风光摄影作品来讲也是一个重要的因素，清晨的天空在较多情况下会呈现幽蓝色，这也是选择此时拍摄的重要原因之一。

「光圈：F9　曝光：1/400s
ISO：200　焦距：12mm」

■ 左图为拍摄者拍摄清晨宁静的海湾公园。一位老人悠闲地晨练着，更为画面增添了一丝自然祥和。拍摄者采用中等光圈拍摄，很好地展现了清晨特有的温和光线，幽蓝清新的天色给人清爽通透的感受。

 技术提高

在清晨拍摄时，要把握好相机的白平衡功能。如果要记录现场光线的色温，最好将白平衡设置为日光模式，否则相机的自动白平衡功能会自动改变色温，让拍摄的照片失去原有的色彩韵味。

云雾笼罩的散射光线

　　清晨时分的天空，空气洁净，悬浮尘埃较少，散射光束就会显得明亮，给人清明爽朗的画面感受和清新感觉，加之云雾笼罩，画面朦胧优美。

「光圈：F9　曝光：1/500s
ISO：200　焦距：20mm」

■ 左图为航拍的清晨云雾笼罩的山谷，拍摄者采用最佳光圈清晰捕捉了云雾中透出的散射光线，给人朦胧梦幻的感受。山谷间的绿地、形态清晰的河流，色彩分明，让人不禁赞叹清晨自然风景的美好。

上午和下午的光线

出现在上午八、九点钟和下午三、四点钟的光线，光线投射的方向与景物、相机成45°角，也称斜射光。这种光线比较符合人们日常生活中的视觉习惯，景物投影落到其斜侧面，具有明显的明暗差别，可较好地表现出景物的质感。

斜角度光线突出景物的质感

斜角度光线能产生光影排列的效果，使景物有丰富的影调，并突出其深度，使之产生立体效果，尤其能将其表面结构的质地完好地显现出来。

```
光圈：F4
曝光：1/400s
ISO：200
焦距：50mm
```

■ 斜射光示意图

■ 左图为拍摄者于下午三四点钟拍摄的阳光斜射下的古墙。透过树木投射到墙上的光线照亮了墙上少许部分，树木在墙上也留下了斑驳的阴影，明暗对比更加凸显了墙体的古旧质感，给人别样的怀旧氛围和温暖感受。

■ 上图中，浅粉色郁金香花海在柔和光线的包围下显得饱满而富有生机。使人感觉宁静舒适。画质清晰细腻，将花朵娇嫩质感完美展现。

[光圈：F5.6　曝光：1/500s　ISO：100　焦距：55mm]

斜角度光线使景物色彩浓郁

　　晴朗天气下的斜角度光光线明亮，利于呈现景物明快鲜艳的色彩，可给作品带来浓郁的画意和鲜明的节奏。灵动迷人的浓郁色彩使画面对比强烈，带给观者前所未有的视觉体验。

「光圈：F3.5　曝光：1/3200s
ISO：100　焦距：18mm」

■ 左图是拍摄者采用斜射光拍摄的，很好地表现了天空的湛蓝。画面场景广阔，海天一色，蔚蓝的天空和漂浮的白云色彩明亮，对比强烈又交相呼应。水平面成为画面的中心，画面上半部明亮鲜艳，下半部色调较暗，形成鲜明对比，色彩效果浓郁。

「光圈：F4.5　曝光：1/2000s
ISO：100　焦距：.50mm」

■ 右图展现极具地中海风情的海边建筑。下午三四点钟的光线照射在小屋的圆顶上，右侧明亮左侧较暗，形成较强的明暗对比和色彩反差。浓郁的色彩给人清晰明快的感受，阳光明媚，海天一色，好一派度假般的舒适与惬意。

「光圈：F9　曝光：1/800s
ISO：200　焦距：20mm」

■ 左图中，晴朗天气下上午的阳光未经遮挡，直接照射到被摄体上，鲜绿的草地呈现了明亮的影调。远处的山脉与近处低矮的草地在画面中形成一定的空间感和层次感，画面效果生动。蓝、绿色作为主色，让人感受到无限的生机与活力。

正午的光线

从摄影艺术出现的那天起，摄影爱好者们便一直与正午强烈的阳光斗智斗勇。诚然，正午的光线会产生很多不利的因素，如极端的反差、强烈的光线、浓重的阴影、发灰的画面等，甚至其他一些难以解决的问题。但是，如果摄影师能巧妙地对正午的光线加以利用，也可以展现别样的画面效果和特殊场景。

正午光线带来斑驳的阴影

正午的阳光亮度十足，透过上层景物能够在下层景物上投射下大大小小斑驳的阴影，使被摄体极具立体感，画面富有层次感和空间感。

［光圈: F4.8　曝光: 1/1000s
ISO: 160　焦距: 72mm］

■ 左图中，作为画面主体的正午阳光下的明艳鲜花，层层的花瓣在强烈的日光照射下有着斑驳的阴影，使花朵形象更为饱满，富有立体感。整个画面让观者感受到了强烈的生命力，清晰耀眼。

正午直射光线突出景物形状

利用正午的直射光线拍摄，能够使景物产生垂直向下的影子，并呈现特殊的几何形态。高亮度的主体配合浓重的阴影，对比强烈，造型奇特，表现效果优秀。

［光圈: F8　曝光: 1/500s
ISO: 200　焦距: 120mm］

■ 右图为拍摄者拍摄的正午直射光下的儿童车，正红色的小车呈现了明显的几何形状。小车正下方形状分明的阴影营造出很强的立体感和视觉空间效果。画面明亮、色彩轻快、多彩多姿的儿童乐园，给观者带来轻松自在的感觉。

日落时分的光线

"夕阳无限好，只是近黄昏。"美丽的夕阳景色，仅仅会在日落前后短短20分钟内出现。此时色调美妙的天空、空中色彩绚丽的云彩，不单是摄影师或摄影爱好者，连一般人都不禁会为这美丽的景色动容。在日落时分，太阳光线角度低，光质柔和并且呈现出暖色调，整个画面充满着诱人的魅力。

利用日落光线表现剪影效果

日落时的光线适于表现景物的轮廓与情境，可将黄昏景致以剪影形式优美呈现。在拍摄时，通常会使用全手动曝光模式，缩小光圈，提高快门速度，以求让景象处于接近全黑，而天空还能表现出色彩的状态。通常情况下，以F8~F11的光圈进行拍摄能较好地表现日落光线形成的剪影效果（若是光圈不够小，有时还需加上"减光镜"，以使景物接近全黑的状态）。

「光圈：F8　曝光：1/1600s
ISO：800　焦距：120mm」

■ 右图中，树木、鸟儿在傍晚霞光的照射下呈现出特有的美。如果使用平白的写实手法拍摄，照片就不能给人以强烈的美感，而且会因为周围杂乱的背景破坏这种美感，剪影拍摄手法在这个时候就能起到很好的作用。

利用多彩的云霞丰富画面

若拍摄得当，云霞会比太阳更富魅力，它能使景物更为美观，并使画面均衡和谐。通常可选择中央重点平均测光模式对天空云霞的中等亮度部位进行测光，使云霞鲜明绚烂。

「光圈：F5.6　曝光：1/200s
ISO：200　焦距：24mm」

■ 左图中，层层晚霞和泛红的天空占据了作品的绝大部分，下半部分较暗的景物和透过云层的阳光形成对比，更加凸显了晚霞的耀眼明亮。多彩的云霞使画面更加充实丰满，景物更丰富，整体色调更偏橘红，给人温暖的感觉。

不同天气下的自然光

在不同的天气下，日光所表现的状态也不同。晴天时自然光比较强烈，多数是直射光。阴天或多云的天气，多为散射光，光线比较柔和。雾天的能见度最低，近距离拍摄才有可能展示出景物。本节介绍在不同天气下，利用不同的光线拍摄景物，观察所拍画面有什么不同。

利用晴朗天气下的直射光

晴朗的天气里的直射光，阳光没有经过任何遮挡直接照射到被摄体上，被摄体受光的一面就会产生明亮的影调，而不直接受光的一面则会形成明显的阴影。在直射光下，受光面与背光面会有非常明显的亮度反差，因此很容易表现出山峰、建筑的立体感，而且也有助于展现出它们的色彩。

■ 左图，拍摄者在阳光明媚的天气拍摄丹霞山。强烈的光线照射，不仅山峰上出现了明显的影子，而且还表现出山体的质感。

「光圈：F6.0　曝光：1/640s
ISO：100　焦距：24mm」

直射光使丹霞山体的色彩更加鲜艳

■ 右图，拍摄者在直射光条件下拍摄人像。由于直射光的特性，常规的拍摄手法是对人物的面部进行点测光，使得画面曝光正确。观者在观看照片时，也总是观察人物面部的皮肤质感和五官的立体效果。直射光下拍摄人像，阴影部分是比较明显的。拍摄者可以使用帽子来遮蔽一些对人物产生干扰的画面元素，这样可以避免因光线过强造成人像曝光过度的情况。由于帽子的遮挡作用，使得画面中直射光线下的人像更加鲜明。

帽子遮挡直射光线

影子增强画面层次感

「光圈：F2.8　曝光：1/1200s
ISO：100　焦距：50mm」

利用阴天柔和的光线

阴天以散射光为主，散射光线（柔光）方向性不强，被摄体没有明显的受光面，光线照射比较均匀，不易产生阴影，可以准确还原被摄体的形态、色彩等。

利用散射光拍摄的画面虽然明暗对比不强烈，但是画面柔和、色彩细腻且饱满。所以，拍摄者多选择在阴天或多云的天气里，使用散射光拍摄花卉，所拍画面色彩浓郁、光线柔和，可将花卉鲜艳的色彩、细腻的质感充分地表现出来。

「光圈: F2.8　曝光: 1/200s
ISO: 100　焦距: 300mm」

■ 右图，拍摄者在阴天里拍摄荷花，粉白相兼的花瓣与绿色的叶子形成鲜明的色彩对比，使画面的色彩更加浓郁。在阴天柔和的光线照射下，花瓣的纹理细节得到了清晰的表现，画面主体显得更加细腻。

利用多云天气的散射光

多云天气里，厚厚的云层遮住了阳光，太阳光线透过云层照射，形成散射光线。散射光没有明显的投射方向，在散射光线下拍摄出的画面光影效果平淡，明暗反差小，画面中的物体受光度低。在阴天多云的天气拍摄时通过压暗影调，可以表现一种独特的画面意境。例如，借助厚厚的云层缩短天与地之间的距离，展示暴雨来临前的急骤气氛。

「光圈: F8.0　曝光: 1/640s
ISO: 400　焦距: 70mm」

■ 左图，在山中拍摄景物，以简洁的天空为背景，突出了山脉的轮廓线条。阳光被云层遮挡，形成了散射光，使得画面没有明明显的阴影。由于是初秋，山脉上密密麻麻的树木，使画面呈现出暖色调效果。

Chapter
06

数码单反相机的
快门原理及应用

本章将为您讲解数码单反相机的快门原理及应用，使您能及时捕捉美好瞬间，定格精彩时刻。

「光圈：F9.0　曝光：1/100s　ISO：200　焦距：52mm」

📷 快门速度常识

快门是镜头前阻挡光线进来的装置。当快门开启时，数码相机开始曝光；当快门关闭时，数码相机结束曝光。一般而言，快门的时间越长越好。和光圈一样，快门也有三个主要作用：控制进光量、调节运动物体的清晰度和控制成像质量。

什么是快门速度

快门是相机上控制曝光时间的装置。而快门速度是摄影中常用于表达曝光时间的术语，表示相机进行拍摄时快门保持开启状态的时间。应用不同的快门速度拍摄不同场景。

■ 左图是拍摄者采用中速快门拍摄的，人物主体十分清晰，虚化的背景产生了别样的意境，使画面富有空间感、层次感，画面极为真实，凝固了人物随意泼洒水花、活泼自然的影像。

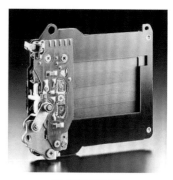

■ 快门实物图

「光圈：F2.8 曝光：1/125s
ISO：400 焦距：135mm」

流动的水珠极为清晰，使画面显得灵动而富有情趣。

「光圈：F5.6 曝光：1/100s ISO：250 焦距：120mm」

从相机快门结构来看，快门可分为帘幕式快门和镜间快门。数码单反相机多采用帘幕式快门，在感光元件之间设置有帘幕式快门的工作机构，主要由前帘和后帘两部分组成。从快门打开到关闭所用的时间称为曝光时间，摄影师可以根据拍摄需要设置曝光时间，以得到不同的拍摄效果。

■ 左图采用中速快门拍摄而成，表现了微光中野地蒿草的剪影，曝光得当，使画面呈现出黄蓝对比色调，节奏轻快，画面效果较好。

常见的快门速度

从快门开启到关闭的这段曝光时间被称为快门速度，即相机快门开启的有效时间。快门速度和镜头光圈一起决定到达胶片或传感器的光量。例如，1/250s与F8、1/500s与F5.6、1/125s与F11这三个曝光组合能得到相同的曝光效果。

「光圈：F4.5　曝光：1/100s
ISO：125　焦距：47mm」

■ 右图为拍摄者采用中速快门拍摄的水鸟，主体清晰，展现了其特有的身形和姿态，画面富有立体感，极为真实。

一般来说，快门速度越快，画面的曝光量越少，所拍到的照片越暗。但是在拍摄快速移动中的被摄体时，高速快门的使用可以捕捉当下的情景，减少模糊的几率。

数码单反相机的快门速度可以手动设置。在快门优先自动曝光模式下，快门速度可以在可选范围内任意调整。高速快门能够捕捉到运动中的被摄体的瞬间动作，中速快门能够体现被摄体的运动感，低速快门能够在光照条件较差的情况下增加曝光量，但一般需要三脚架以维持稳定。如果要"凝固"运动中的被摄体的影像，应选用高速快门；如果要拍摄出模糊但有强烈动感的照片，则应选用低速快门。

「光圈：F7.1　曝光：1/60s
ISO：800　焦距：55mm」

■ 右图是拍摄者采用中速快门拍摄的。画面清晰，富有立体感。延伸的房屋表现了海岸的弧度，画面真实，定格了一幅美丽的海边风景。

快门速度用数字表示，数字越大，曝光时间越长。常见的数码单反相机快门速度范围为30s至1/8000s。相邻两档的快门速度相差一倍，因此在相同条件下使用相邻两档快门分别拍摄时，相机的进光量也相差一倍。

「光圈：F2.8　曝光：1/1600s
ISO：200　焦距：100mm」

■ 上图为拍摄者采用高速快门拍摄的，曝光准确，画面清晰，捕捉到了女子撩起水花的瞬间。水花清晰富有动感，画面动静结合，别有一番灵动。

滚动的自行车车轮呈现了特殊的叠影效果，营造了画面的动感。

「光圈：F2.8　曝光：1/20s
ISO：100　焦距：8mm」

■ 左图拍摄者则采用低速快门，定格了校门前匆匆而过的自行车。轱辘匆匆转动产生的叠影效果，给人一种迷幻的视觉感受。

安全快门的应用

　　简单地说，安全快门就是手持拍摄时能保持相机稳定的快门速度。高于这个快门速度，就能够保证手持拍摄的稳定性；低于这个快门速度，手的晃动就可能会导致照片拍虚。为保证画面的清晰，需使用安全快门进行拍摄。

　　快门速度是以秒来衡量的。那么，什么样的快门速度才能称得上是安全快门速度呢？实际上，安全快门并非是一成不变的，它与所使用的镜头焦距密切相关。安全快门速度是焦距的倒数，即安全快门速度=1/镜头焦距。例如，在佳能EOS 5D上使用一支焦距50mm的镜头时，安全快门就是1/50s。但在实际拍摄中，一般选择1/80s或1/125s（高两档才保险）的快门速度，这样才能够保证拍摄的稳定性，以免因手抖造成影像模糊。

「光圈：F8
曝光：1/125s
ISO：200
焦距：85mm」

■ 左图是拍摄者使用安全快门拍摄的，画面对焦准确，曝光适当，主体清晰。鸟巢和远处的蓝天白云交相呼应，彰显了无尽魅力。

「光圈：F2.8
曝光：1/80s
ISO：200
焦距：20mm」

■ 右图拍摄者采用安全快门拍摄，对焦准确，画面清晰。拍摄者将水平面放在画面中间偏下的位置，岸边的房子、树木与水中倒影交相呼应，蓝天、碧水相得益彰，构图新颖巧妙，给人一种和谐对称之感。

数码单反相机的快门原理及应用

简单来说，安全快门就是使照片不模糊的最慢快门的边界。在实际拍摄过程中，并没有严格意义上的数值计算，使用某一快门时，只要图片不模糊，就可以称这一快门速度为安全快门。

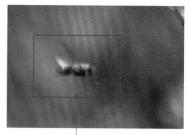

画面中飞舞的蜜蜂有些模糊，没有捕捉到清晰明确的形态，不免让人有些遗憾。

「光圈：F11　曝光：1/60s
ISO：200　焦距：70mm」

■ 上图为拍摄者采用1/60s 的快门速度拍摄的。因为没有达到相机的安全快门，手抖的后果直接反映到照片当中，右侧的花朵清晰成像，而左侧的花朵与和蜜蜂没有对焦，拍虚了画面，使之不够清晰。

■ 上图为拍摄者使用安全快门拍摄的夜晚的建筑。在黑幕一般的天空映衬下，建筑显得更为宏伟明亮、辉煌精美，画面十分清晰，让观者充分感受到了夜晚城市的绚丽。

「光圈：F7.1　曝光：1/125s　ISO：100　焦距：70mm」

快门速度应用

在拍摄照片之前，要了解和熟悉所持数码相机的快门速度。只有考虑了快门的启动时间，并且掌握好快门的释放时机，才能及时捕捉到生动的画面。

使用高速快门的情况

1/1000s以上的高速快门能够将高速运动状态下的物体凝固，展现出不同动态的画面效果。高速快门能清晰地记录快速移动中的物体，使照片显现人眼在一般情况下无法看清的细节，给人意想不到的视觉感受。定格运动中的被摄体时，应选择最精彩的瞬间，如蜜蜂起飞的一刻或骏马跳跃到最高点的一瞬间。

拍摄运动中的被摄体时，如果要把被摄体拍摄清晰，即便在光线足够明亮的地方，往往也要使用高于1/125s的高速快门。高速快门可以凝固运动瞬间，还可以降低手抖对画面质量的影响。

「光圈: F5.6　曝光: 1/2000s
ISO: 250　焦距: 200mm」

■ 左图为拍摄者采用1/2000s的高速快门抓拍的马群跨越小河的壮观场面。骏马飞奔、跳跃，水花四溅，整幅画面极具动感，气势非凡，给人以强烈的视觉冲击。

■ 下图为拍摄者使用高速快门捕捉到的孩子们脸上的甜美笑容，表现了孩童间欢快的嬉闹与友谊，充满活力与动感，更让人体会到一种久违的童趣与轻松，画面生活气息浓厚。

如何设置高速快门呢？如果是具有手动曝光功能的相机，就可通过快门优先自动曝光模式和手动曝光模式来设定快门速度。目前市面上数码相机的最高快门速度都1/500s到1/4000s之间。

注意，选用高速快门后势必会减少曝光量，在比较弱的光照条件下，即使光圈开到最大也可能满足不了曝光的要求，这时可通过提高ISO感光度来提高快门速度。

「光圈: F2.8　曝光: 1/500s　ISO: 200　焦距: 20mm」

以下是一些经常使用高速快门的场景。

1 拍摄运动的人和物

要想在运动场上定格比赛的精彩瞬间，就必定用到高速快门，这是体育摄影的诀窍。用高速快门时，先要考虑被摄体的运动速度。被摄体的运动速度越快，所使用的快门速度也越高。如拍摄一个行走的人时，1/60s的快门速度即可；拍摄一辆快速移动的自行车时，则需用约1/250s的快门速度。其次应根据拍摄距离决定快门速度，相机与被摄体的距离越近，快门速度也应该越高。

■ 右图为拍摄者用高速快门抓拍的跳跃瞬间的人物。人物主体清晰生动，笑容灿烂，配合自然富有动感的动作，表现了青春的活力。

「光圈：F5.6　曝光：1/2000s　ISO：200　焦距：85mm」

2 抓拍和连拍

日常生活中许多题材的拍摄都需用到高速快门，如宠物摄影，小猫、小狗非常活泼，要捕捉它们运动中最富有趣味的瞬间，就要使用高速快门+连拍，抓拍宠物最精彩的瞬间。

「光圈：F2.8　曝光：1/1500s　ISO：200　焦距：50mm」　　　「光圈：F2.8　曝光：1/1500s　ISO：200　焦距：50mm」

■ 上两图为拍摄者采用1/1500s的高速快门连拍的窝在沙发上的猫咪。猫咪表情自然又可爱，别有一番精彩。

3 别样的创意

除了前面讲解的较为常见的使用情况，还可利用高速快门拍摄一些富有创意的照片。

傍晚时分的湖面波光粼粼，但并不显刺眼。水面颜色为灰黑色，显得与众不同。

「光圈: F5　曝光: 1/1250s
ISO : 200　焦距: 18mm」

■ 上图为拍摄者采用1/1250s 的快门速度与F5的光圈拍摄，晴朗的天气，阳光照射在水面上非常耀眼，使其呈现出波光粼粼的景象。

 技术提高

高速快门适于凝固运动画面的瞬间，可以真实地再现运动细节。抓拍应拍摄运动达到精彩高潮的瞬间，并注意结合运动速度在精彩时刻来临前按下快门。此外，也可提前做好拍摄准备，预估被摄体运动速度，待运动物体达到拍摄区域内，再按下快门。

■ 上图为拍摄者采用运动模式抓拍的高速流动的清澈山泉。1/1600s的高速快门凝固了溅起的水花如同水晶般闪耀的瞬间，画面真实却给人以震撼的美。画面清晰澄澈，丝毫没有因水流速度过快或手抖等情况引起模糊，为我们呈现了肉眼难以观察到的绝美刹那，那份晶莹剔透让人过目不忘。　　「光圈: F5.3　曝光: 1/1600s　ISO: 1600　焦距: 260mm」

使用中速快门的情况

　　中速快门是我们最常用到的快门速度（1/60s 到1/125s 之间）。使用中速快门凝固影像的效果比慢速快门要好，比高速快门要差，适合在晴天或者多云的光照条件下拍摄室外的动态照片。它的这一特性，与中等光圈大致相似。此外，中速快门还比较适宜拍摄运动速度不是很快的被摄体，能够在保证画面真实的情况下很好地凝固影像。

　　当画面中既有静止被摄体，又有运动中的被摄体时，拍摄者可使用中速快门，但要尽量用闪光灯或三脚架，以免静态的被摄体虚化。

「光圈: F5.6　曝光: 1/125s
ISO: 200　焦距: 85mm」

■ 左图为拍摄者利用中速快门拍摄的，既展现宁静的小镇生活，也捕捉到了一群鸽子展翅飞翔的瞬间，画面动静结合，别有一番韵味。

　　想拍摄好动态场景，使画面虚实得当，并表现出画面的动感，需要一些技巧。

1 使用中速快门

　　中速快门能较好地捕捉动态场景。营造画面动感的关键是把握最佳的模糊程度。画面模糊程度取决于曝光时间，表现在操作中就是快门速度。按下快门后，被摄体的运动轨迹就会被记录下来。若快门速度过快，在这个时间点上被摄体几乎是静止的，拍出的照片就是静态的，不能营造动感。相反，若快门速度过慢，则会导致画面模糊过度以致完全看不清楚。

2 采用追随法

　　在相机追随目标移动时按下快门，使相机与运动物体达到相对静止，把静态背景虚化以突出运动物体的速度感。追随法则让运动的物体在画面上静止，原本静止的背景模糊起来，从而达到突出动感效果的目的。

「光圈: F10　曝光: 1/125s
ISO: 200　焦距: 110mm」

■ 右图为拍摄者采用中速快门拍摄的。人物主体清晰，画面具有层次感。此外，画面色彩鲜明，人物富有动感，为我们展现了一群活力自信、青春昂扬的毕业生。

使用低速快门的情况

　　1/30s以下的快门速度称为低速快门。用低速快门拍摄运动中的被摄体时，快门速度越低，影像虚化程度越大，从而形成以虚衬实，实中有虚，虚实相映的效果。使用低速快门时可配合三脚架以免机震。低速快门还能记录被摄体的运动轨迹，如拍夜景的时候可使用低速快门记录汽车的轨迹，或记录一些流水的轨迹等。低速快门适合表现被摄体的动感，并将杂乱的背景虚化以免影响画面效果。

　　以下是一些经常使用低速快门的场景。

1 长时间多重曝光拍摄烟花

　　利用低速快门，并进行长时间多重曝光，就能够拍摄到绚烂的烟花。

> 烟花形状饱满，爆裂的烟花光轨清晰，绚丽夺目。

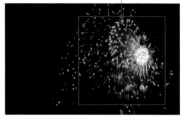

「光圈: F11　曝光: 1/10s
ISO: 800　焦距: 200mm」

■ 左图为拍摄者采用低速快门拍摄的夜空绽放的烟花。璀璨的烟花瞬间爆裂，低速快门记录了这一美轮美奂的场景，让人感受到了喜气祥和及独特的美感，在黑如绸缎般的天空映衬下，极具美感。

2 拍摄运动中的被摄体时，使背景模糊、主体清晰

　　选择1/10s或1/20s的快门速度，调整适合的曝光，不断半按快门自动对焦，或使用快速手动对焦、预先对焦等方法，对准要拍摄的运动中的被摄体，按下快门的时候平移相机，直至曝光完成。

3 拍摄被摄体的运动轨迹

　　使用低速快门并配合三脚架，可以拍得被摄体的运动轨迹。

「光圈: F11　曝光: 1/25s
ISO: 100　焦距: 85mm」

■ 右图为拍摄者采用低速快门，并使用三脚架辅助拍摄的。在被摄者进入镜头的瞬间适时按下快门，形成奔跑的人物模糊的影像，以一种奇特的手法展现了画面运动的轨迹和极强的动感。

4 拍摄夜间汽车和星星运动的轨迹

　　捕捉被摄体的运动轨迹时，需使用低速快门和三脚架。快门速度通常选为1/5s到1/10s。如果要捕捉运动的星星轨迹，那么快门速度可以定在10分钟到一个小时甚至更长。

「光圈: F16　曝光: 1/8s
ISO: 400　焦距: 60mm」

■ 左图为拍摄者利用低速快门，并配合三脚架拍摄的飞驰而过的汽车。拍摄者用低速快门得到了快速运动的汽车的轨迹，画面效果独特。

「光圈: F22　曝光: 1/20s
ISO: 100　焦距: 35mm」

■ 左图，拍摄者在公路旁拍摄，长时间曝光能够展示出路灯的星光效果、烟花绽放以及车流轨迹。

5 捕捉夜晚的城市

　　拍摄城市夜景时，通常需要1/20s到1/30s的快门速度，具体设置要视具体场景而定。拍摄夜景或者带涌动轨迹的照片时，为保证画面清晰，三脚架是必不可少的。

「光圈: F22　曝光: 1/20s
ISO: 200　焦距: 89mm」

■ 左图为拍摄者采用低速快门和三脚架拍摄的灯火通明的别墅。漆黑静谧的夜空下，房屋灯光璀璨，轮廓清晰，主体突出，画面显得安静而和谐。

数码单反相机的
光圈原理及应用

光影是摄影的灵魂，只有彻底掌握光圈和快门的搭配秘诀，才能拍摄出令人满意的
摄影作品。

「光圈：F8.0　曝光：1/320s
ISO：100　焦距：10mm」

认识光圈

简单来说，光圈就是用来控制光线透过镜头，进入机身内感光元件光量的装置，通常安装在镜头内部。它可以配合快门组成一个曝光组合，完成一次影像的记录。

光圈的工作原理

对于已经制造好的镜头，我们不能随意改变镜头的直径。但是，我们可以通过在镜头内部加入多边形或者圆形装置形成面积可变的孔状光栅，以达到控制通过镜头光量的目的，这个装置就叫作光圈。光圈是摄影创作最重要的元素之一，除了能够利用光圈控制进光量来满足曝光需要外，还能使用光圈来获得特定的艺术效果。

我们用F值表示光圈大小，光圈F值越小，通光孔径越大，光圈越大，在同一单位时间内的进光量越多（例如：F3.5是大光圈，F22是小光圈）。简单地说，就是在快门不变的情况下，光圈越大，进光量越多，画面越明亮；光圈越小，进光量越少，画面越暗。

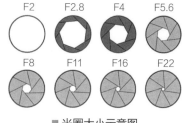

■ 光圈大小示意图

「光圈：F3.5　曝光：1/500s
ISO：200　焦距：50mm」

「光圈：F13　曝光：1/500s
ISO：200　焦距：50mm」

■ 以左边两图为例，由同一台相机拍摄，并采用了相同的快门速度、焦距、曝光补偿和测光模式的两幅作品，画面明暗却大有区别。左图采用大光圈拍摄，进光量多，画面明亮；右图采用小光圈拍摄，进光亮少，画面较左图暗。

为什么光圈越大进光量越大呢？这涉及到光圈数值的计算。F=f/D，即光圈值=镜头的焦距/镜头的通光直径。针对50mm标准镜头而言，最大通光直径为29.5mm，可以换算出其最大光圈为50mm÷29.5mm＝1.7，即光圈值F1.7。

光圈级数

光圈级数又称为光圈的档位，是指光圈按照一定规律进行的增减量。完整的光圈值系列如下：F1、F1.4、F2、F2.8、F4、F5.6、F8、F11、F16、F22、F32、F44、F64。

■ 光圈实物图

光圈与景深的关系

　　光圈的主要作用不仅在于控制曝光量，实际上，光圈最大的作用是控制景深。景深是指在聚焦完成后，在焦点前后都能形成清晰影像的范围。景深的大小与镜头焦距的长短、光圈的大小以及拍摄距离有密切关系。通常情况下，镜头焦距越长，光圈越大，拍摄距离越近，景深就越浅；而镜头焦距越短，光圈越小，拍摄距离越远，景深也就会跟着变深。

什么是景深

　　简单来说，景深就是成像后被摄体前后的清晰范围。例如，当我们拍摄时，如果被摄体后面的背景都是清晰的，那么景深很深；如果被摄体后面的背景都是模糊的，那么景深很浅。在其他参数相同时，光圈越大，景深越浅；光圈越小，景深越深。

　　例如，光圈F4的景深比F8的浅。大光圈能够使背景虚化，将画面主体凸显出来；较小的光圈会使得景深较深。当我们使用F1.4光圈进行拍摄时，很容易虚化背景；而当我们使用F16光圈进行拍摄时，就难以虚化背景。景深的控制往往左右了一张照片的视觉效果，通常我们拍人像时会使用大光圈，以浅景深的方式来突出人物。而拍摄风景时则使用小光圈，用较深的景深来表现画面整体的清晰感。

「光圈：F2.8
曝光：1/1250s
ISO：100
焦距：60mm」

■ 右图中，拍摄者利用大光圈来虚化背景，绿色的树木被虚化，又被光斑点缀，使女孩更为突出。绿白两色对比层次清晰，使模特温柔的笑容更清晰地得以展现，让人感受到别样的美。

光圈系数与景深深浅的关系

	F1.4	F2	F2.8	F4	F5.6	F8	F11	F16	F22	F32
景深	浅	浅	浅	适中	适中	适中	深	深	深	深
进光量	512	256	128	64	32	16	8	4	2	1

■ 右图是用F8 光圈拍摄而成的，而左图则是拍摄者采用F4 光圈拍摄的。左图画面清晰明快，主体更为突出、立体，且背景虚化得恰到好处，平和安静；右图则略显凌乱，主体人物的凸显性降低，画面稍显拥挤。

「光圈: F8　曝光: 1/500s　ISO: 100　焦距: 50mm 」「光圈: F4　曝光: 1/500s　ISO: 100　焦距: 50mm 」

前景深指被摄体前方的景深，而被摄体后方的景深，则称为后景深。通常，前景深的范围比后景深范围小，前景深的范围大约是对焦点前1/3部分，后景深的范围则为对焦点后的2/3部分左右。

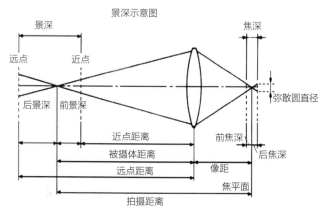

光圈选择与景深变化：

1 大光圈和浅景深

一般情况下，使用大光圈时成像质量相对较差，景深较浅。

2 小光圈和深景深

利用小光圈获得深景深是拍摄风景时常常采用的方法，但这还要和镜头焦距、拍摄距离等因素相结合。例如用长焦镜头，在2~3米距离拍摄时，即使用F32光圈，也不会获得很深的景深。换言之，只要被摄体和背景都处于无限远，即使使用较大的光圈，也能获得较深景深。

3 虚化背景

可以选择大光圈或长焦镜头虚化背景，获得别具一格的韵味。

影响景深的因素

景深并不只受光圈影响，影响景深深浅的因素有很多，分别有以下几点。

景深与光圈大小

在镜头焦距、拍摄距离相同时，光圈级数与景深深浅成反比，即光圈级数越大，景深越浅；光圈级数越小，景深越深。因为光圈的级数越小，进入镜头的光束越细，会聚的光线在成像面上留下的光斑越小，从而使景物更为清晰。

景深与焦距的长度

在光圈级数和拍摄距离都相同的情况下，镜头焦距的长度也与景深深浅成反比。因为，比起焦距长的镜头来说，焦距短的镜头对来自前后不同距离上的景物的光线所形成的焦深要狭窄得多，会有更多光斑进入可接受的清晰度区域。

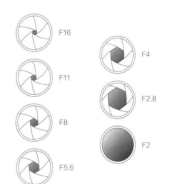

■ 光圈级数图

景深与被摄体的距离

在镜头焦距和光圈级数都相等情况下，被摄体的距离与景深深浅成正比。因为，远离镜头的景物只需做很少的调节就能获得清晰对焦，而且前后景物结焦点被聚集得很紧密。这样会使更多的光斑进入可接受的清晰度区域，景深变深。相反，对靠近镜头的景物调焦，由于焦深范围扩大，从而使进入可接受的清晰度区域的光斑减少，景深变浅。所以，镜头的前景深总是小于后景深。

［光圈：F22　曝光：1/100s　ISO：200　焦距：23mm］

■ 上图拍摄者采用小光圈拍摄辽远大气的湖泊与蓝天，场景宏大，画质清晰，近处的骏马与碧水蓝天形成视觉上的远近层次和大小对比，画面富有意境。

景深预视按钮

镜头工作的时候是光圈全开测光的。例如，镜头的最大光圈是F2.8，那么镜头在开机的时候一直都保持在F2.8状态。如果用Av档把光圈设为F11拍摄，那么镜头的光圈会在按下快门的瞬间变成F11，曝光完毕之后又恢复为F2.8。F2.8和F11的景深肯定截然不同，在取景器看到的是F2.8的景深，而拍出来的却是F11的景深。景深预视按钮的作用就是在拍摄前，从取景器看一下F11光圈下的景深情况，对于微距拍摄会比较有用，在日常拍摄中用处不大。

■ 景深预视按钮实物图

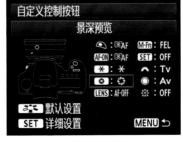

■ 景深预视界面

「光圈：F8
曝光：1/160s
ISO：200
焦距：70mm」

■ 这张照片是拍摄者采用中等光圈拍摄的。在逆光条件下，树叶呈半透明效果，叶子的形状、脉络都清晰可感。画面真实自然。明亮的光线和满目的嫩绿色调给人清新之感。

光圈大小的选择

　　光圈对画面的影响很大，不仅影响画面曝光，也影响着画面的清晰程度，不同大小的光圈选择能够产生不同的画面效果。

使用大光圈的情况

　　在拍摄时，使用大光圈（F2.8~F4.0）可得到浅景深，使背景虚化，画面主体突出，虚实分明，易把观者的注意力集中到被摄体上。大部分初学者往往喜欢使用大光圈去拍摄，其实这么做是不正确的。在不同的拍摄条件下，我们应根据需要调节光圈大小以得到最佳效果。

　　大光圈通常在光线较弱的环境下有着很好的表现。其通光量大，在弱光又不便使用三脚架的情况下利用大光圈拍摄，能最大限度地提高画面的亮度。如在深夜的街头纪实抓拍时，一定会毫不犹豫地选择大光圈。

「光圈：F4　曝光：1/80s　ISO：200　焦距：24mm」

■ 左图是拍摄者采用大光圈拍摄而成的。画面光线充足，即使手持拍摄仍然清晰，天空上的云与脉脉的水流相互呼应，画面整体给人以惬意祥和之感。

　　在相同的拍摄环境和感光度下，采用大光圈进行拍摄可以有效提高快门速度（以F2和F5.6为例，在同样的50mm焦距下，如果使用F5.6需要1/10s快门速度才能得到正确曝光，那么使用F2时，快门速度则比F5.6的大3档，即快门速度可以提高3档，也就是1/80s，可见，提升快门速度是大光圈的明显优势）。此外，大多数情况下，相对于提高ISO感光度，使用更大光圈拍摄不会对画质产生较大的负面影响。

■ 右图为拍摄的行走中的人物。大光圈有效提升快门速度，画面清晰，景深适当，人物主体突出，立体感强。

「光圈：F2.8　曝光：1/3200s　ISO：100　焦距：125mm」

 技术提高

用大光圈拍摄可以得到较浅的景深，使得照片上出现模糊的部分，从而让照片具有立体感，主体得到突出，常用于拍摄人像。拍摄时完全可用F1.4、F1.8等最大光圈，表现大光圈独特的艺术效果。

使用中等光圈的情况

　　中等光圈（F5.6~F8）具有适度的景深，适用于在户外日光条件下拍摄，具有极好的成像质量。选择中等光圈时，画面成像最好，最清晰。在中等光圈下，拍摄者可以根据不同的光线条件做出反应，缩小或者增大光圈。例如，拍摄有多个人的群组照片时，在50mm的焦距下，F5.6到F8的光圈就可以表现出景深，并使照片中的每一个人都清晰呈现。

「光圈：F8　曝光：1/2000s
ISO: 200　焦距: 20mm」

■ 左图为拍摄者采用中等光圈拍摄的画面，在日光照明条件下明亮清晰，成像效果优秀，被摄者显得自然亲切。

　　此外，在拍摄一些旅行纪念照时，建议选用中等光圈进行拍摄，可以很好地兼顾画面主体和背景，使整个画面清晰。

■ 上图是拍摄者采用中等光圈拍摄的，既展现了近处粉红的鲜花，又展现了蜿蜒的小路，给人一种小径通幽的感觉。

「光圈：F5.6　曝光：1/1600s　ISO: 400　焦距: 34mm」

使用小光圈的情况

小光圈（F11~F22）不但能创造深景深效果，使风景清晰，而且能使画面较有层次感。例如，拍摄风景照片时，我们一般使用小光圈，拍摄出的画面清晰，富有质感。

此外，使用小光圈时，画面中的入射光源会呈现迷人的星芒效果。这是由于入射光线遇到光圈叶片的夹角形成衍射造成的（大光圈时光圈接近圆形）。

■ 上图是拍摄者采用小光圈拍摄的。画面中的焰火呈现迷人的星芒效果，具有别样的艺术效果，闪耀明亮。烟花的星芒以及建筑物上稀疏的灯光，突出了夜的繁华与美丽。独特的星芒效果，更使画面璀璨夺目、明亮清晰，给人华灯初上的美感。

〔光圈：F22　曝光：1/5s　ISO：100　焦距：35mm〕

在人像摄影中，常常用到大光圈，而在拍摄风光时，使用小光圈的机会较多。例如，拍摄溪流时，为表现流水的动感，创造如丝绸一样的流水效果，要尽量延长快门时间（1/2s或更慢），为了避免曝光过度，这时就需要使用小光圈；逆光拍摄波光舟影时，如使用F22、F32这样的小光圈，水面细小的波光就会产生类似加用星光镜的效果。

〔光圈：F22　曝光：1/2s
ISO：100　焦距：90mm〕

■ 右图的画面展现了潺潺溪流。拍摄者所捕捉到的流水呈现出了如丝绸般的效果。

最佳光圈

　　光圈除了可控制通光量和景深外，还影响着图像的成像质量。一款镜头所能表现出的画质水平，在不同的光圈值下会有所不同，但光圈具体在多大的时候画质最好，需要拍摄者自己进行测试。镜头的最佳光圈与相机感光元件的画幅有一定关系，通常来说，画幅越大，镜头的最佳光圈越小；画幅越小，镜头的最佳光圈越大。以常见的APS-C画幅数码单反相机为例，大部分镜头的最佳光圈都在F8附近。

「光圈：F8　曝光：1/120s
ISO：50　焦距：50mm」

■ 左图为拍摄者采用最佳光圈F8拍摄而成的。两匹骏马作为画面主体清晰生动，与背景和谐统一，色调柔和、富有生气。照片的前景、后景呈现不同的层次，错落有致，给人以美感，画面富有生机。

　　有经验的摄影师都知道，当在最大光圈的基础上缩小两至三级光圈进行拍摄时，能够得到锐度和分辨率最高的成像质量。当用最大光圈拍摄时，往往会发现画面的四边较暗（俗称"暗角"），而将光圈缩小两至三级之后再进行拍摄时，暗角就会消失。对于绝大多数定焦镜头来说，最佳光圈一般为F4或F5.6；对于绝大多数变焦镜头来说，最佳光圈一般为F8或F11，用这些光圈拍摄的照片画质最好。光圈过大或过小都无法得到最好的画质。拍摄的时候使用最佳光圈，照片清晰度最高，但不可只注重镜头的成像质量，还要顾及画面各部分所需要的图像质量，因为光圈不同，画面景深也不同。

■ 性能超群的镜头最大光圈成像较好，如佳能系列的"L头"。如上图为佳能"红圈"镜头的一款——佳能EF 16-35mm f/2.8L Ⅱ USM

 技术提高

拍摄风景时使用镜头的最佳光圈，能够拍摄出效果极佳的作品。
1. 在F8的最佳光圈值下，镜头的分辨率最高，景物细节丰富、纹理清晰，画质较好。
2. 为防止在慢速快门下相机晃动导致画面模糊，拍摄者应使用三脚架来稳定相机。
3. F8的光圈不仅提高了镜头的分辨率，还加深了画面景深。

适合使用最佳光圈的情况有如下几种。

1 拍摄大场景风光，拍摄距离较远，没有前景，只有中后景的时候。

2 重点表现主体，其余景物清晰与否都不重要的时候。

「光圈：F8　曝光：1/1000s
ISO：100　焦距：25mm」

■ 右图为拍摄者采用最佳光圈F8拍摄的，展现了辽阔的湖光山色。湖水湛蓝清澈，水天融为一体，广阔大气。五颜六色的彩虹仿佛一件珍宝，纵横于天地之间，整体的蓝色色调给人以舒适感和自然感。

「光圈：F1.4　曝光：1/125s
ISO：100　焦距：100mm」

■ 左图，拍摄者近距离拍摄树叶，呈现出微距景观效果。逆光作用下，树叶的轮廓以及脉络纹理清晰可见。

「光圈：F4.0　曝光：1/800s
ISO：200　焦距：200mm」

■ 右图为拍摄者采用最佳光圈拍摄的。前景清晰，背景虚化，清晰程度的对比很好地表现了花朵的形状和颜色，使主体得到突出，花朵鲜艳且富有质感。

光圈的摄影规律

　　掌握有关光圈使用的技巧能帮助我们更轻松地选择合适的光圈，拍摄出更满意的作品。以下就是一些有关光圈的摄影规律。

1 拍摄人像写真或花卉时可以使用大光圈。根据镜头长短，有时使用中等光圈增加一点景深更合适。

2 拍摄小景时可以使用中等光圈或大光圈，具体应依据现场状况及景深的需求判断。

3 拍摄静物时可以使用小光圈，不过也要根据景深的需求进行选择。

4 拍摄夜景时，使用小光圈可以得到流光溢彩的效果。

5 拍摄大场景的风光照片时，使用小光圈可以得到更深的景深。

6 拍摄烟火时一般应使用小光圈或中等光圈。

7 拍摄星星轨迹时在大多数情况下应使用小光圈。

「光圈：F5.6　曝光：1/1600s
ISO：400　焦距：34mm」

■ 左图为拍摄者采用中等光圈拍摄的一片紫色花海。画面中间清晰，前景部分虚化，背景虚化程度更深，同一片花海却错落有致，富有层次，美丽清新。

 技术提高

拍摄静物风光等题材时，对成像清晰度要求比较高，适宜使用小光圈拍摄。在中等照度下宜采用F22光圈拍摄，快门速度则选择1/30s左右。在没有三脚架，手持相机拍摄时，机震、人体生理运动等因素常会影响画面清晰度，因此在照度较低时使用小光圈，应充分利用各种依托物，提高维持的稳定性。

■ 上图为拍摄者采用小光圈拍摄的，画面清晰，色彩明快，整幅画面蓝色为主色。平静的水面映照出岸边优美的风景，给人一种安宁舒适之感。

「光圈：F16　曝光：1/200s　ISO：200　焦距：40mm」

Chapter

08

感光度和白平衡

简单来说，白平衡就是相机内部根据拍摄环境还原色彩的设置，不同的白平衡可以将同一个被摄体拍摄出不同的效果。而提高相机的感光度可以提高快门速度，但同时噪点也会增加，拍摄者需要在低快门速度造成的模糊与高感光度造成的噪点间作出取舍，以呈现最佳的拍摄效果。

[光圈：F11.0　曝光：1/160s　ISO：100　焦距：200mm]

认识感光度

感光度就是指相机对光线的感应能力。数码相机通过提升感光元件的光线敏感度或者合并几个相邻的感光点来达到提高感光度的目的。

什么是ISO

ISO感光度用ISO100、ISO400这样的数值表示。数值越大表示可以在昏暗环境下进行更明亮的成像。通过采用高ISO感光度可在昏暗场景下更好地进行拍摄，不过如果将高ISO感光度用于明亮的场景，由于图像感应器在短时间内读入了更多的光信号，就可以使用比低ISO感光度更高的快门速度。在要求超高快门速度的运动摄影领域，即使在白天，使用ISO400的情形也并不少见。

「光圈：F5　曝光：1/640s
ISO：200　焦距：180mm」

■ 左图为拍摄者采用ISO200拍摄的。画面明亮，细嫩的枝芽从木质的花盆中生长出来，充满生机，明暗表现到位，画面富有层次感。

 技术提高

当采用高ISO感光度拍摄时，有时会在画面中发现斑点，这些斑点就是噪点。提高ISO感光度就会对信号进行电子放大增幅，在这个过程中所产生的杂质信号就是噪点。

「光圈：F5　曝光：1/640s
ISO：800　焦距：180mm」

■ 左图为拍摄者采用ISO800拍摄的。由于采用了ISO800的高ISO感光度，在昏暗场景拍摄也未出现抖动。不能使用闪光灯的场合中，高ISO感光度可以发挥出莫大的威力。

ISO的特点

　　ISO感光度越高，照片的曝光量就越大。在不使用闪光灯的情况下，环境光线越弱，就越需要提高ISO来拍摄。提高快门速度，可相对避免低速快门带来的手抖情况，进而避免因手抖产生的照片模糊。感光度的另一个影响就是，感光度越高，照片上的噪点就越多。理论上讲，在能保证拍摄正常进行的情况下，感光度的设置越低越好。

「光圈: F8　曝光: 1/640s
ISO: 400　焦距: 200mm」

■ 右图是拍摄者使用高感光度拍摄的。高速快门的使用，凝固了水鸟振翅扑水的瞬间，画面动感十足，灵动自然。

ISO的使用方法

　　感光度对于画面效果的影响很大。ISO感光度值越小，所需曝光时间越长，成像效果越好，颜色越鲜亮，层次感越好，画面越细腻；反之，所需的曝光时间越短，画面的锐度下降，照片上的噪点也显著增多。

■ 上图为拍摄者采用低感光度拍摄的夜晚的水上小屋。静谧的夜空如同黑布一样铺展，近处的水面平静，小屋主体清晰，画面稳定，给人别样的浪漫气息。

「光圈: F2　曝光: 1/5s　ISO: 100　焦距: 50mm」

ISO感光度的应用

当光线较暗，而拍摄条件又不允许过分放慢快门速度时；当拍摄快速运动的物体，快门速度很高，曝光时间很短时，常需提高ISO，以获得足够的曝光量。

ISO与快门速度的关系

ISO感光度与快门有着紧密关系。在光圈不变的情况下，ISO值与快门速度成正比，提高ISO时会相应提高快门速度，反之亦然。

「光圈: F2.8 曝光: 1/800s
ISO: 200 焦距: 5mm」

■ 右图为拍摄者微距拍摄的花蕊上的蜜蜂。较高的感光度和高速快门捕捉到了蜜蜂采蜜的瞬间，画面清晰自然。

「光圈: F2.8 曝光: 1/160s ISO: 100 焦距: 100mm」

■ 拍摄上图时，拍摄者采用低感光度，画质细腻。两个小姑娘表情神态自然可爱，大光圈使人物主体清晰，虚化的背景更映衬出女孩的活泼面容。

根据拍摄环境选择感光度

我们一般是通过调节光圈和快门速度来调整曝光量，但当对色调和图像的再现有极高的要求时，最好采用低感光度进行拍摄，以得到完美的画面效果。在室内、展览馆等比较昏暗或禁止闪光灯的场所拍摄时，为防止手抖，我们可以选择较高的ISO感光度。

■ 右图为拍摄者仰拍的晴朗天气里的游乐园。高速快门的使用将画面瞬间定格，在蓝天白云的映衬下，画面动感较强，效果出色。

ISO与光圈的关系

ISO值可以控制曝光量，增加一档ISO值，光圈就可以缩小一档，反之亦然。这也是需要根据画面效果的要求来调整的。当然，对于一般数码相机来说，高ISO会带来更高的稳定性，但也不可避免地会造成成像效果的降低。例如，从采用ISO64和ISO200拍摄的样片来看，ISO64的画质明显较好。所以，在光线不太好的情况下，推荐使用三脚架，而不是一味地提高ISO来提高稳定性。

「光圈: F4.5 曝光: 1/1250s ISO: 400 焦距: 14mm」

白平衡设置对画面的影响

正确的白平衡设置是照片画面色彩准确还原的保证。选择恰当的白平衡模式能够拍出具有某一种色调气氛的画面，如喜庆时可使画面产生偏红的基调等。

理解色温的概念

涉及彩色摄影用光问题时，色温的概念就会经常出现。那么究竟什么是色温呢？人眼所见到的光线是由7种色光的光谱所组成的。其中有些光线偏蓝，有些偏红，色温就是专门用来量度和计算光线颜色成分的方法。如晴天的色温值与阴天色温值不同，白炽灯与荧光灯色温值也有所差别。

「光圈：F6.3 曝光：1/60s
ISO：800 焦距：120mm」

■ 右图以冷色调为主，色温较高，画面偏蓝，灰蒙蒙的色调更显幽静。拍摄者采用中速快门，清晰捕捉到了雨珠滴落的过程，画面静中有动，显得清幽雅致，如同一幅清雅朴素的水墨画。

色温对照表

<3300K	温暖（带红的白色）	稳重、温暖
3000K~5000K	中间（白色）	爽快
>5000K	清凉型（带蓝的白色）	冷

光源色温不同，带来的感觉也不相同。高色温光源照射下，如亮度不高则给人们一种阴冷的气氛；低色温光源照射下，亮度过高则会给人们一种闷热的感觉。色温越低，色调越暖（偏红）；色温越高，色调越冷（偏蓝）。

「光圈：F3.6 曝光：1/13s
ISO：400 焦距：24mm」

■ 上图呈现暖色调，色温较低，画面整体偏红，为我们呈现了一幅安静、温馨的室内画面。橘红色的被子，昏黄的灯光，紧凑的布局，营造了一种温暖、慵懒的氛围，给观者安心、温暖的感觉。

什么是白平衡

　　物体颜色会因投射光线颜色的不同而产生改变，如荧光灯的光偏绿、钨丝灯的光偏红或偏橘色。因此在不同光线下拍摄出的照片会有不同的色温，白平衡功能就是对光线颜色进行补偿的功能，无论环境光线如何，都可以让数码相机默认成"白色"，然后以此为基准进行拍摄。颜色实质上就是对光线的解释，在一般光线下看起来是白色的东西在较暗的光线下看起来可能就不是白色的，就连大家平时以为是白色的荧光也非真正的"白色"。调整白平衡后，得到的照片就能正确地以"白色"为基准来还原其他颜色。由于白平衡与周围的环境光线密切相关，所以，启用白平衡功能时闪光灯的使用就要受到限制，否则环境光的变化会使得白平衡受到干扰甚至失效。白平衡一般可分为手动预设白平衡、自动白平衡、荧光灯白平衡等几种模式，以适应不同的拍摄场景。

「光圈：F5.6　曝光：1/320s
ISO：100　焦距：100mm」

■ 左图为晴天条件下拍摄的梅花照片。明亮的天空与淡色的梅花颜色较为接近，但在调节白平衡后，二者层次清晰，梅花主体突出，极具美感。

 技术提高

有时，数据上正确的色调并不总是我们所需要的。有时候拍摄者可以有意识地根据拍摄意图对白平衡进行偏移以获得预期效果。

「光圈：F3.2　曝光：1/1600s
ISO：400　焦距：35mm」

■ 左图为拍摄者准确调节白平衡后拍摄的古城的弄堂景观。红砖旧屋的色调再现于观者眼前，画面稳定，富有质感。

白平衡模式

　　大多数数码单反相机会提供自动白平衡、预设白平衡、手动白平衡等模式。要正确设定白平衡，要先对拍摄现场的光线色温有个正确判断，然后对号入座选用相应的白平衡设定。

自动白平衡

　　若设置特定的白平衡模式，由于季节、时间、光线等因素的变化，拍摄出的画面色调可能会产生不同程度的偏差，而选择自动白平衡模式则可以由相机帮助拍摄者做好调整。而且，在移动中拍摄时，现场的条件会发生改变，自动白平衡模式则能随拍摄场景的变换自动调节白平衡，不失为好的选择。

　　使用自动白平衡模式能够准确地还原被摄体的色彩。值得一提的是，自动白平衡模式能较好地呈现人像肤色，应用较为普遍。

「光圈: F1.8　曝光: 1/400s
ISO: 200　焦距: 135mm」

■ 右图是使用自动白平衡模式拍摄的人像作品。画面中的小女孩肤色自然，细腻水润的肌肤呈现在观者面前，柔嫩可爱的脸庞让人喜爱不已。

日光白平衡

　　日光白平衡模式的最大特点是可以较好地还原日光条件下现场的光源色。略偏橙色的色调可以适当运用在表现阳光味道和夕阳感觉的照片中，用以营造特殊的色彩氛围，创造别样的意境美。

「光圈: F8　曝光: 1/80s
ISO: 200　焦距: 20mm」

■ 右图是使用日光白平衡模式拍摄的。画面唯美浪漫，为观者营造了一个温暖的氛围，偏橙的色调很好地表现了夕阳的感觉。

阴天白平衡

阴天白平衡模式又称室内白平衡或多云白平衡，能把昏暗处的光线调回原色状态，适合在阴天拍摄时使用。值得注意的是，在阴天条件下使用晴天模式拍摄，会使拍出来的照片略显泛蓝的色调，而用阴天白平衡模式则可还原自然色调。

「光圈：F20　曝光：1/15s
ISO：100　焦距：50mm」

■ 左图是拍摄者在阴天条件下采用阴天白平衡模式拍摄的。画面色调自然，瀑布湍急的水流得到清晰展现，给观者身临其境的感受。

钨丝灯白平衡

钨丝灯白平衡模式也称白炽光白平衡或者室内光白平衡。钨丝灯白平衡模式一般用于由灯泡照明的环境，当相机的白平衡系统未检测到闪光灯开启，相机就开始决定白平衡的位置。不使用闪光灯的室内拍摄，基本都要使用这一模式。

■ 上图为拍摄者拍摄的室内绿色植物。钨丝灯白平衡模式使画面自然朴实，颜色得到最真实的还原，在白墙的映衬下，这株绿色植物显得生机盎然。

「光圈：F1.4　曝光：1/500s　ISO：200　焦距：85mm」

荧光灯白平衡

　　荧光灯白平衡模式适合在荧光灯下进行拍摄。荧光的类型有很多种，如冷白和暖白等，因而有些相机不止一种荧光灯白平衡模式，摄影师必须确定照明光是哪种荧光，然后确定使用哪种设置进行拍摄，这样才能达到最佳的白平衡效果。正因如此，在所有的设置当中，荧光灯白平衡是最难设置的。最好的办法就是多拍几张照片然后确定最合适的白平衡设置。

[光圈: F2.8　曝光: 1/800s
ISO: 200　焦距: 100mm]

■ 右图为拍摄者拍摄的荧光灯下的门牌，凹陷雕刻的文字与青瓦屋檐融为一体，古香古色，木头的质感和砖瓦的搭配使画面具有别样的幽韵，画面色调与主题意境吻合，让人回味悠长。

阴影白平衡

　　在阴影白平衡模式下，使用闪光灯也会使画面整体色调暖意十足，与后景光线效果更为融合，使照片真实自然。开启阴影白平衡模式，使用闪光灯后，温暖的色调使冰冷的画面多了几分鲜活，相比自动白平衡更具实用性。

■ 上图为拍摄者采用阴影白平衡模式拍摄的。在强闪光灯条件下画面仍显得暖意十足，璀璨的明灯与暗色大厅融为一体，画面具有浪漫的气息，温暖柔和，鲜活富于变化。　　[光圈: F1.8　曝光: 1/250s　ISO: 200　焦距: 135mm]

闪光灯白平衡

闪光灯白平衡模式用于在闪光灯下拍摄，可对偏蓝色的闪光灯光线进行补偿。其补偿的倾向与阴天白平衡模式非常近似，是对原有光源的特有颜色进行补偿。

「光圈: F1.4　曝光: 1/80s
ISO: 400　焦距: 50mm」

■ 左图为拍摄者拍摄的室内闪光灯下的玻璃杯。拍摄时采用闪光灯白平衡模式，光线柔和，影调浪漫，高光和星芒效果明显。

用户自定义

通过手动调节白平衡，我们可以获得某些特殊的效果。例如，在拍摄夕阳时，对着蓝色的参照物手动调节白平衡，可以拍摄出较为温暖的画面。

那么，怎样手动调节白平衡呢？首先，取一张白纸，在现场光照射下用镜头对准白纸，避免其他物体的阴影等落在白纸上，影响相机自身判断。然后，按照菜单提示或说明书操作，按手动模式按钮，激活白平衡。有些相机在调整时LCD屏幕会瞬间变蓝，同时发出"咔咔"的声音。在白平衡指示灯闪烁时不要移动相机，指示灯停闪后就可拍摄。此外，设定白平衡后可连续拍摄，除非重新选择白平衡标准或转换到其他模式。如需取消，重新按手动白平衡模式按钮即可。

「光圈: F1.6　曝光: 1/80s
ISO: 1250　焦距: 50mm」

■ 左图为拍摄者拍摄的室内条件下天真烂漫的儿童，拍摄者通过手动调节白平衡，展现了儿童特有的娇嫩肌肤，天真可爱的动作更为画面增添了一丝灵动，色彩鲜活明快，给人活泼自在的感觉。

「光圈: F6.3 曝光: 1/160s ISO: 100 焦距: 24mm」

Chapter
09 曝光与测光

光是摄影的灵魂，曝光运用能力的差别，使得作品的水平高低立判。这一章将仔细讲解曝光的知识与运用，包括各种测光方式、光圈、快门、感光度以及自动曝光与手动曝光等。

摄影光源

凡能发出一定波长范围电磁波（包括可见光与紫外线、红外线和X光线等不可见光）的物体，都可被称为光源。光源又称发光体，如太阳、恒星、人造灯具以及燃烧着的物质等都是发光体。光源又有可见光与非可见光之分，可见光专指波长在0.4微米~0.75微米之间的可见光源，非可见光（如"红外线"波长为760~800纳米，紫外线波长为400纳米以下）大多应用在科技、医疗领域，日常摄影中所提到的摄影光源均为可见光。

可见光又有自然光和人造光之分。在摄影中，应用得较多的是太阳光；人造光有持续光和瞬时光之分，持续光源多为日常的照明灯具，瞬时光源多为闪光灯或闪光泡。

由于在摄影中应用最多的光源是太阳光和电子闪光灯，所以下面将着重介绍它们的一些显著特点和应用常识。

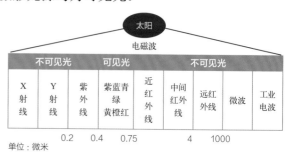

			太阳					
			电磁波					
不可见光			可见光		不可见光			
X射线	Y射线	紫外线	紫蓝青绿黄橙红	近红外线	中间红外线	远红外线	微波	工业电波
		0.2	0.4	0.75	4	1000		

单位：微米

■ 太阳光谱图

■ 太阳光

■ 电子闪光灯

1 太阳光的发光亮度巨大且长久。其亮度与人造光源亮度相比绝非用数字能说明。

2 每天从东边升起，西边下落，并随着时间变换改变光照强度、投射方向、色温等。

3 春夏秋冬，变化多端。在不同的季节发光位置、发光强度、光照时间等也有变化。

4 在同一季节中，遇有不同的天气（如风雪雨雾等）时，光线强度也会发生改变。

5 由于太阳的运动不以人的意志为转移，因此，摄影者只能利用其发出的光线来完成曝光。

1 电子闪光灯的发光亮度相对较小且反光时间短暂。只能在有限的距离内进行照射（补光），无法应用在面积较大（需长时间照射）的场合。

2 可以从不同的位置进行照射，即使在同一位置也能通过旋转灯头来改变光照方向。

3 最大光照强度一定，只能在一定范围内进行减光。

4 色温一定，但可通过在灯头前加装滤光片改变其色温。

5 携带方便、使用灵活，在一定范围内可单灯照射，也可多灯组合拍摄。

自动曝光与EV值

自动曝光（Automatic Exposure）模式主要分为三类：程序自动曝光P、光圈优先自动曝光Av以及快门优先自动曝光Tv，也有些相机厂家（比如尼康公司）将其缩写为P、A、S。我们可以认为：只要给相机预先设定好光圈、快门的值（或利用相机预先编排好的程序），相机就会自动根据测光给出的参数选择适当的快门速度、光圈值（或按程序）进行曝光。

什么是EV值

EV是英语Exposure Values的缩写，是反映曝光多少的一个量，其最初定义为：当感光度为ISO 100、光圈系数为F1、曝光时间为1秒时，曝光量定义为0。快门速度减少一半或者光圈缩小一档时，曝光量减少一档；快门速度增加一倍或者光圈增加一档时，曝光量增加一档。EV值与曝光时间成正比，与光圈值成反比。例如，将光圈F4，快门1/60秒的曝光组合改为光圈F5.6，快门1/30秒时，后者虽然光圈缩小了一档（进光量减少了一倍），但是曝光时间延长了一倍，所以前后两个曝光组合的EV值相同。

从下表可以很方便地查出某一EV值对应的光圈快门组合。

EV值 / 速度 光圈	64分	32分	16分	8分	4分	2分	60秒
F1	−12	−11	−10	−9	−8	−7	−6
F1.4	−11	−10	−9	−8	−7	−6	−5
F2	−10	−9	−8	−7	−6	−5	−4
F2.8	−9	−8	−7	−6	−5	−4	−3
F4	−8	−7	−6	−5	−4	−3	−2
F5.6	−7	−6	−5	−4	−3	−2	−1
F8	−6	−5	−4	−3	−2	−1	0
F11	−5	−4	−3	−2	−1	0	1
F16	−4	−3	−2	−1	0	1	2

EV值 / 速度 光圈	30秒	15秒	8秒	4秒	2秒	1秒	1/2秒	1/4秒
F1	−5	−4	−3	−2	−1	0	1	2
F1.4	−4	−3	−2	−1	0	1	2	3
F2	−3	−2	−1	0	1	2	3	4
F2.8	−2	−1	0	1	2	3	4	5
F4	−1	0	1	2	3	4	5	6
F5.6	0	1	2	3	4	5	6	7
F8	1	2	3	4	5	6	7	8
F11	2	3	4	5	6	7	8	9
F16	3	4	5	6	7	8	9	10

自动曝光模式种类

程序曝光模式

使用程序自动曝光方式时，相机会根据测光系统所测得的画面曝光值，按照厂家出厂时所设定的快门及光圈曝光组合，自动选择一组快门速度和光圈值进行曝光。这种模式适用于对景深、动感无特别要求的情况。

■ 以右图为例，拍摄时选择自动曝光模式后，程序就会自动选择出一组光圈、快门组合，来满足拍摄需求。

「光圈：F10　曝光：1/320s　ISO：200　焦距：17mm」

技术提高

拍摄纪实类题材时，采用程序曝光模式是较为理想的选择。使用这种模式拍摄的画面稳定、清晰，能够很好地记录真实的瞬间，富有浓重的生活气息。

「光圈：F5.6　曝光：1/125s
ISO：200　焦距：38mm」

■ 左图为拍摄者捕捉到的一个慈祥和蔼的老人手持相机拍摄的画面。画面安静自然，给人舒缓自如之感。

■ 右图为拍摄者抓拍的一个慈祥的老人与他人亲密交谈的画面，生活气息浓厚，真实自然。

「光圈：F5.6　曝光：1/160s　ISO：100　焦距：35mm」

光圈优先自动曝光模式

光圈优先自动曝光模式是指手动定义光圈大小，相机则根据这个光圈值确定快门速度的模式。由于光圈的大小直接影响着景深，因此在平常的拍摄中此模式使用最为广泛。在拍摄人像时，我们一般采用大光圈、长焦距从而获取较浅的景深效果，这样可以突出主体。同时，使用较大的光圈也能得到较快的快门值，从而提高手持拍摄的稳定性。在拍摄风景这一类照片时，我们往往采用较小的光圈值，这样景深比较深，可以使远处和近处的景物都较为清晰。

在风景摄影中，当拍摄者希望近处和远处的画质都较为清晰，而快门速度并不重要时，可设定一个较小的光圈值。

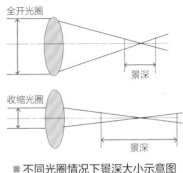

■ 不同光圈情况下景深大小示意图

「光圈：F3　曝光：1/80s
ISO：100　焦距：17mm」

■ 右图为拍摄者运用光圈优先自动曝光模式拍摄的。画面成像效果清晰，富有质感。云雾缭绕中的山脉蜿蜒起伏，为观者呈现了一幅生动自然的画面。

在拍摄花卉、人物特写等内容时，通常要求主体比较"抢眼"，这时可通过光圈优先自动曝光模式选用较大的光圈，如F2、F2.8，并结合长焦距和近距离拍摄。

「光圈：F3.2　曝光：1/800s　ISO：200　焦距：120mm」

「光圈：F3.2　曝光：1/640s
ISO：100　焦距：145mm」

■ 上两图的画面主体均是美丽的女子，拍摄者采用大光圈拍摄人物特写，人物主体突出。

快门优先自动曝光模式

　　与光圈优先自动曝光相反，快门优先自动曝光模式是在手动定义快门的情况下，通过相机测光而获取光圈值。快门优先自动曝光模式多用于拍摄运动的物体（拍摄时选用不同的快门速度不会影响景深的大小）。在拍摄时，如果要"冻结"运动物体的影像，应选用高速快门；想要拍摄出模糊但有强烈动感的照片，则应选用慢速快门。

- ● 表现动感

　　快门优先自动曝光模式多用于拍摄运动中的物体，如飞流直下的瀑布、飞行中的物体、烟花、水滴等。很多朋友在拍摄运动物体时发现，往往拍摄出来的主体是模糊的，这多半是因为快门的速度不够快。在这种情况下可以使用快门优先自动曝光模式，大概确定一个快门值，然后进行拍摄，可以很好地表现画面动感。

「光圈：F5.6　曝光：1/500s　ISO：100　焦距：70mm」

■ 上图虽是拍摄者采用高速快门拍摄的，但未能呈现海水极具表现力的瞬间，画面较为模糊。因为快门速度不够快，水缺乏动感，不能不说是一种遗憾。

「光圈：F22　曝光：1/8s　ISO：100　焦距：70mm」

■ 上图为拍摄者采用低速快门拍摄的湍急的水流，水花拍击水中的礁石，快速流过。画面中的水流呈絮状，效果奇特，给人极富动感的视觉体验。

- ● 凝固瞬间

　　在拍摄运动题材时，我们可以用高速快门速度来"凝固"瞬间。这是因为被摄体运动的速度都比较快，如果选用其他曝光模式拍摄，将很难保证快门速度，很可能把主体拍虚。因此，对于运动类题材的拍摄，选用快门优先自动曝光模式最为理想。

「光圈：F9　曝光：1/640s
ISO：200　焦距：30mm」

■ 左图为拍摄者拍摄的在海滩上玩耍的儿童。看似随意的抓拍却捕捉到极具动感、富有感染力的瞬间，一个孩童笑容满面地手舞足蹈，另一个孩童腾空跳起，作者运用高速快门凝固了这一瞬间，画面生动自然。

手动曝光模式

在较为专业的相机上，手动曝光模式是最重要的曝光模式之一，在相机上以"M"档表示。其特点是由拍摄者根据测光结果，手工对光圈和快门速度进行调节，优势是便于拍摄者更精确地控制曝光量，获得自己希望的成像效果。在实际拍摄中，对曝光要求较高者常常先对被摄体测光，手动设定光圈、快门，然后进行构图拍摄。

一般来说，拍摄画面亮度相对均匀的场景时，即使移动相机重新构图，测光感应区位置稍有变化，对曝光影响也不大，所以可任意选择曝光模式；但对必须用中央重点平均测光或点测光模式测光拍摄的对象，为确保曝光准确，测光和曝光应分两步走，最好用手动曝光模式来锁定曝光量。也就是说，当遇到较为复杂的场景时，就应该采用相对复杂的曝光模式，而手动曝光模式不受相机"自动"干扰，是最忠实于拍摄者意愿的曝光方式。

■ 选用点测光模式时，测光点应选取在反射率趋近18%的位置，如图中圆圈位置。

「光圈: F11　曝光: 1/2000s
ISO: 1600　焦距: 40mm」

选取手动曝光模式进行拍摄的最大优点就是可避免相机自动模式的干扰，但使用时一定要严谨。否则，哪怕是测光点稍有偏差，也可能导致拍摄的失败。

「光圈: F11　曝光: 1/3000s　ISO: 1600　焦距: 40mm」

■ 上图中，虽然拍摄者使用了光圈优先自动曝光模式进行拍摄，使景深得到了保证，但因为测光方式选取了矩阵测光模式，照片欠曝。

「光圈: F11　曝光: 1/1000s　ISO: 1600　焦距: 40mm」

■ 使用点测光模式时，测光点应选取在反射率趋于18%的位置。上图是使用点测光模式拍摄的，画面清晰，光线充足。

曝光补偿

　　使用自动曝光模式时，相机进行自动测光后，会计算出一组参数（光圈和快门的组合）并按此组合进行曝光。在一般情况下，如光照比较平均或被摄体的反射率趋近18%时，基本上都能得到曝光正确的照片。正因为如此，摄影爱好者能腾出更多的精力和时间来专心致志地取景构图，这或许就是许多影友选择自动曝光模式拍照的原因之一吧。可是，相机毕竟是机器，它只会按照一定的模式，针对普遍情况进行机械地运算，但凡遇到特殊的情况就不能保证画面效果。所以，再顶级的器材也要靠人来操作。

　　在拍摄白色物体、浅色物体或明亮天空所占比例较大的画面时，就需在相机的自动曝光基础上增加曝光量（实施正补偿，用EV+X表示）；在拍摄黑色、暗部、深颜色物体所占比例较大的画面时，需要在相机自动曝光的基础上减少曝光量（实施负补偿，用EV-X表示）。

「光圈：F9　曝光：1/200s
ISO：200　焦距：10mm」

■ 左图是使用正曝光补偿拍摄的，画面曝光准确，清晰自然。

■ 上图是使用负曝光补偿拍摄的，将夜色美景表现得流光溢彩。　　「光圈：F9　曝光：1/0.8s　ISO：100　焦距：30mm」

决定曝光的三要素

曝光是一个量化的数值，而决定曝光量的要素有三个——光圈、快门速度和感光度，要获得一个合适的曝光量犹如要盛满一桶水，光圈就好比输送管路的孔径，快门速度犹如管路阀门开启的时间，而ISO是整个供水系统的压力。如果孔径开到最大，在其他条件不变的前提下，盛满这桶水所需要的时间就最短；如果水压有变化，管路的孔径、供水的时限必然要相应变化。不然的话，要么水盛不满，要么溢出。

三者的关系

假如在规定的时间内，必须在同一供水系统中用不同的管路向这只桶注水，桶内的盛水量将会出现如下三种结果：

孔径过小，盛水量（曝光）不足

孔径适中，水量（曝光）适宜

孔径过大，水满溢出（曝光过度）

在管路不变时，如果要在同一供水系统中以不同的时间向这只桶中注水，则桶内盛水的量将会出现如下三种结果：

时间过短，盛水量（曝光）不足

时间准确，水量（曝光）适宜

时间过长，水满溢出（曝光过度）

如果在规定的时间内，用相同的管路向这只桶中注水，改变水塔的压力后，则桶内盛水量将会出现如下三种结果：

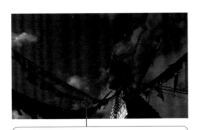
水压过小，盛水量（曝光）不足

压力适中，水量（曝光）适宜

水压过大，水满溢出（曝光过度）

光圈及光圈值

光圈（Aperture）是一个用来控制光线透过镜头，进入机身内CCD（或CMOS）受光量的装置。对于已经制造好的镜头，我们不可能随意改变镜头的直径，但是我们可以通过在镜头内部加入多边形或者圆型（且孔面积可变）的孔状光栅，来控制镜头的通光量，这个装置就是光圈。

光圈值是相机一个极其重要的指标参数，它的大小决定着单位时间内通过镜头进入感光元件的光线的多少，光圈大小用F值表示。

光圈的F值＝镜头的焦距／镜头光圈的直径。

由公式不难看出，当镜头焦距一定时，光圈直径越大F值越小。标准的光圈数值是根号2的n次方，由于根号2的平方约等于1.414，所以，光圈值取近似数有F1、F1.4、F2、F2.8、F4、F5.6、F8、F11、F16、F22等。

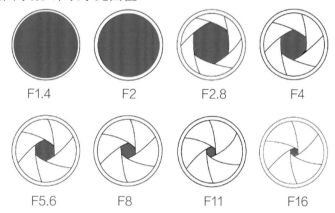

光圈值F越小，通光量越大，进光越多，反之则越少。在以后的章节中为了方便表达，基本都用光圈系数F来表示光圈值。

好多相机为了确保曝光的精确度，还设定了半档（如F1.8、F2.8、F3.5、F4.5）光圈，有的相机甚至还设定了1/3档光圈。

下面一组图是在快门速度和ISO都不改变时，分别改变光圈大小后拍摄的。从曝光量就可看出：F值越大，曝光量越小，画面就越暗，反之越明亮。

F1.4　　F2　　F2.8　　F4

F5.6　　F8　　F11　　F16

「光圈: F2　曝光: 1/2000s
ISO: 200　焦距: 85mm」

「光圈: F4　曝光: 1/2000s
ISO: 200　焦距: 85mm」

「光圈: F5.6　曝光: 1/2000s
ISO: 200　焦距: 85mm」

快门及快门速度

　　快门是镜头前阻挡光线进来的装置，是一种让光线在一段时间里照射CCD或CMOS的装置。一般而言，快门的时间范围越大越好。高速快门适合拍摄运动中的物体，例如，某款相机快门速度最快能到1/16000秒，可轻松捕捉急速移动的目标。不过在拍摄夜晚的车水马龙时，快门时间就要拉长，常见的如丝绢般的水流效果也要用低速快门才能拍摄出来。

　　摄影师按下快门按钮就触发了快门的工作，快门的工作流程如下。

1 前帘向下移动，感光元件的一部分接触光线，开始感光。

2 前帘继续向下移动，感光元件大部分面积开始感光。

3 前帘彻底移开，感光元件完全感光后，后帘逐步向下移动，部分感光区域被遮挡。

4 后帘继续向下移动，当后帘将感光元件全部遮住后，整个曝光过程结束。

 技术提高

拍摄运动类题材时，要想将某一精彩瞬间清清楚楚地定格，选用高速快门拍摄才是最佳的拍摄方法。

〔 光圈: F8　曝光: 1/500s　ISO: 400　焦距: 24mm 〕

■ 上图是拍摄者采用高速快门拍摄的赛马运动，清晰表现了骏马跨越障碍栏杆的瞬间，赛马手和赛马融为一体，英姿非凡。

〔 光圈: F22　曝光: 1/2s　ISO: 100　焦距: 80mm 〕

■ 由于礼花在空中绽放的时间比较长，要想将其绽放的过程记录下来，快门速度应设在2秒。上图清晰展现了礼花在夜空绽放的画面，光彩四溢，炫目至极。

感光度的作用

　　在传统胶片相机中，ISO代表胶片的感光速度，在数码相机中，ISO代表着CCD或者CMOS感光元件的感光速度，ISO数值越高就说明该感光材料的感光能力越强。ISO的计算公式为S=0.8/H（S感光度，H为曝光量）。从公式中我们可以看出，感光度越高，对曝光量的需求就越少。ISO的数值每增加1倍，其感光速度也相应提高1倍。例如，ISO200的感光度比ISO100的感光速度高1倍，而1SO400的感光度比ISO200的感光速度高1倍，比ISO100的感光速度高4倍。

　　在具体拍摄中，ISO最直接的作用就是改变曝光量。例如，拍摄某一包含运动物体的场景时，在既要求景深范围又要求清晰度（使用高速快门）的前提下（如下图），只能依靠提高ISO来保证曝光量。

「光圈: F5.6　曝光: 1/800s
ISO: 100　焦距: 200mm」

■ 虽然快门速度得以保证，可由于光圈过大导致景深不足，画面远处景物模糊。

「光圈: F11　曝光: 1/200s
ISO: 100　焦距: 200mm」

■ 通过缩小光圈景深得到了保证，但由于快门速度慢，游艇模糊不清。

「光圈: F11　曝光: 1/800s
ISO: 800　焦距: 200mm」

■ 虽然光圈缩小而且曝光速度提高了，但由于提高了ISO，因此画面曝光正常。

　　由于提高ISO可以增加拍摄时的曝光量，因此当遇到光线较暗且无法使用人造光源进行补光（或拍摄包含运动物体且又需要小光圈来保证景深）的情况时，很多影友都采取提高感光度的方法来弥补现场光线的不足（或加大景深、捕捉瞬间）。然而，虽然高感光度能提高曝光度，但高感光度也会增加图像噪点。因此，在其他办法能够既保证曝光量，又可将照片拍得较为清晰时，为减少噪点，保证照片的画质，感光度最好不要超过ISO800。

| ISO100 | ISO200 | ISO400 | ISO800 | ISO1600 |

■ 某品牌相机不同感光度时噪点测试图

三者的组合应用

　　光圈、快门、ISO犹如三角形的三个角，三者之间既互相独立又缺一不可，既相互依存又彼此制约。也就是说，当三者之间的一个角度发生变化时，至少应有另外一个角相应发生变化，否则，三个内角和就不是180°了。

　　当曝光量确定以后，假如光圈的大小发生了改变（快门和ISO的变化也是如此），那么在ISO不改变的情况下，快门速度就要随之变化；如果不改变快门速度，就得改变ISO，或者均要改变，只有这样，才能保证总的曝光度（相当于三角形内角的和）一成不变。

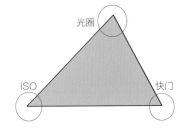

「光圈：F8
曝光：1/500s
ISO：800
焦距：300mm」

■ 上图拍摄者按测得的数据曝光，暗部不失细节，高光部位层次依存。

「光圈：F11
曝光：1/200s
ISO：200
焦距：35mm」

■ 上图拍摄者按照既定模式拍摄，画面曝光正确，色彩艳丽。

「光圈：F8
曝光：1/250s
ISO：800
焦距：300mm」

■ 上图拍摄者在光圈、ISO不变的情况下，降低了一档快门速度，虽然麻雀的轮廓依稀可见，但大部分细节已经丢失。

「光圈：F11
曝光：1/200s
ISO：100
焦距：35mm」

■ 上图拍摄者在光圈、快门不变的情况下，降低了一档ISO，曝光不足，色彩沉闷。

「光圈：F8
曝光：1/1000s
ISO：800
焦距：300mm」

■ 上图拍摄者在光圈、ISO不变的情况下，提高了一档快门速度。与正确曝光相比，虽然低光部分的细节较为丰富，但高光部位全部溢出。

「光圈：F11
曝光：1/200s
ISO：400
焦距：35mm」

■ 上图拍摄者在光圈、快门不变的情况下，提高了一档ISO，曝光过度，高光溢出，色彩浅淡。

📷 测光方式

曝光是摄影的重要因素，如果无法完成光影的记录，摄影就无从谈起；而测光是曝光的理论依据，倘若测光区域（点）的选取出现偏差，就会直接导致曝光量的不准，轻则影响照片的质量，重则直接导致拍摄的失败。所以，测光对摄影而言，其方式选择、点位选取的正确与否，犹如高楼大厦的地基一般，对摄影曝光起着至关重要的作用。

关于数码相机的测光方式

测光指测定被摄体的亮度。测光方式根据其测光范围不同，具有各种特征。为了获得正确的曝光，需要了解其各自的特征，进行区分使用。测光的方式按区域分又可分为评价测光、局部测光、中央重点平均测光和点测光四大类别。不同厂家、不同档次的相机测光模式不同，测光范围和适应性也有所区别。最常见的是评价测光模式，它会对画面整体进行分割测光，根据其测光值采用高级算法计算，转换得到曝光值。测光范围最狭窄的是点测光模式，只对限定部分的亮度进行测光。如果是一般的风光摄影，选择评价测光模式拍摄比较方便。但如果是光影复杂交错的场景则宜使用点测光模式。使用哪种测光模式完全取决于拍摄者本人，只要是能够获得自己希望的亮度，那么这种方法就可以说是最佳选择。

■ 测光模式选择拨盘实物图

■ 测光模式调节界面图

■ 测光点选取的位置对应图

■ 选在反射率相对较高的7区，造成曝光不足。整张照片的影调灰暗，低光部分的细节全无。

■ 选在反射率接近18%灰的5区，曝光正常。暗部留有细节，高光部分有层次，色彩还原真实，影调适中。

■ 选在反射率相对较低的3区，曝光过度。低光部分虽细节丰富，但高光部分有"高光溢出"，色彩较淡。

点测光

　　点测光（Spotmetering）的测光范围是取景器画面中央占整个画面约2%~3%面积的区域。点测光基本上不受测光区域外其他景物亮度的影响，因此，拍摄者可以很方便地使用点测光对被摄体或背景的各个区域进行检测。这种测光方式多应用在光线复杂、对曝光要求高的场合。

　　从某种程度上说，点测光最为准确，因为其测光区域狭小，可谓精益求精。但也正是由于这个特点，在测光点的选取上要格外小心，不然的话很容易出错，所以初学者要慎用。

　　使用点测光模式能得到较为精确的曝光数据。但在拍摄中需要注意的是，测光点要选择在画面中光线反射率相当于18%的那些地方。

〔光圈：F8　曝光：1/320s　ISO：200　焦距：85mm〕

■ 错误的测光点

〔光圈：F11　曝光：1/160s
ISO：100　焦距：20mm〕

■ 虽然上下两图中都出现了大面积植物，但效果不大相同。下图的灌木与远端的雾海、远山、蓝天未在同一光照体系之内（处背光状态）。所以，如果想表现远处向阳的景物，就不能将测光点选择在灌木上。另外，虽然人物在此种测光数值的指导下进行曝光后形成了剪影，但此举更有利于主题的体现。

中央重点平均测光

中央重点平均测光又名"中央均衡测光"或"中央重点加权平均测光"，几乎所有带测光功能的相机都有此种测光方法，但各相机厂家对中央部分的偏重程度会有所不同。中央重点平均测光主要是测量取景屏画面中央长方形（椭圆形）范围内（约占全画面的20%~30%）的亮度。

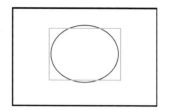

中央重点测光模式较适用于画面中心部分反射率接近18%的灰、人像写真等拍摄中。

■ 由于黄色人种的皮肤反射率接近18%灰，又恰好在画面的中心位置，所占比例基本又占据了此种测光方式所侧重的区域，因此，此种测光方式对于此类题材的拍摄非常适宜。

「光圈：F2.8　曝光：1/125s
ISO：100　焦距：50mm」

「光圈：F2.0　曝光：1/25s
ISO：400　焦距：50mm」

 技术提高

在没有或没带灰板的情况下，可以使用与18%灰反射率接近的物体，如人类（黄种人）的皮肤、部分树干、旧的柏油道和混凝土、棕色的砖、草丛等作为替代灰板的应急参照物。

「光圈：F7.1　曝光：1/3200s
ISO：250　焦距：52mm」

■ 由于左图中心位置的土堆反射率也接近18%灰，且基本占据了此种测光方式所侧重的区域，所以也较适宜采用此种测光方式测光。

评价测光

　　评价测光是最原始、最基本的一种测光方式。这种测光方式指将取景器画面内的各种反射光线的亮度进行综合评判后，获得平均亮度值。评价测光操作简便，但测光精度不高，在取景范围内明暗分布不均匀的状况下，较难直接依据测光数值来确定合适的曝光量。

● 适应范围主要有以下两种

画面中主体及平均反射率接近18%灰。

　　即使存在反射率接近3区或7区的景物，可是由于所占面积较小，对测光准确率的影响也较小。

［光圈：F11　曝光：1/15s
ISO：200　焦距：35mm］

■ 测光点选取的位置对应图

　　评价测光的缺点也较为明显，由于在很多情况下，所拍景物（如夜景）的平均反射率都大于或小于18%灰。所以，使用此模式很容易造成测光不准，从而导致过（欠）曝。

［光圈：F11　曝光：1/100s
ISO：200　焦距：35mm］

■ 右图画面中蓝天白云、晨雾占据绝大比例，而其反光率高于18%灰，使照片欠曝。

局部测光

局部测光的特点是测光范围比点测光要大些，一般为画面的5.8%~8.5%。局部测光是中央重点平均测光和点测光方式的折中方式。中央重点平均测光方式易于使用，但在照明条件特殊的场合下无能为力；而点测光方式虽能准确地控制曝光量，但难以使用。局部测光方式则处于二者之间。

「光圈：F7.1　曝光：1/100s
ISO：200　焦距：70mm」

■ 上图为拍摄者采用中央重点平均测光模式拍摄的，照片欠曝。

「光圈：F7.1　曝光：1/100s
ISO：200　焦距：70mm」

■ 上图为拍摄者采用点测光方式测光拍摄的，照片过曝。

「光圈：F7.1　曝光：1/100s
ISO：200　焦距：70mm」

■ 上图为拍摄者采用局部测光模式拍摄的，照片曝光适度。

「光圈：F8　曝光：1/500s
ISO：100　焦距：17mm」

■ 上图为拍摄者采用中央重点平均测光模式拍摄的，照片欠曝。

「光圈：F8　曝光：1/200s
ISO：100　焦距：17mm」

■ 上图为拍摄者采用点测光方式测光拍摄的，照片过曝。

「光圈：F8　曝光：1/60s
ISO：100　焦距：17mm」

■ 上图为拍摄者采用局部测光模式拍摄的，照片曝光适度。

 技术提高

局部测光的测光区域只有画面中心的一部分，而不是覆盖整个画面。并且局部测光也不存在平均运算，中心区域得到的测光数据将直接运用到整个画面的曝光。在一般情况下，拍摄人像、微距类照片时，建议摄影师采用局部测光方式。

分区式综合测光

　　分区式综合测光的特点是把整个画面分成多个区域，并将多个区的测光值输入机内CPU进行分析后决定曝光量。从理论上讲，分区式测光方式都具有自动逆光补偿能力。

　　分区式测光方式有多种形式，分区的数量也不同，有双区、三区、五区、六区、八区、十四区和十六区等。

　　正是由于此种测光形式承载了大量预置信息，又经数字化计算，因此适用于绝大多数场景的拍摄，可谓人像、风景、纪实、花卉等均有相当的使用空间。

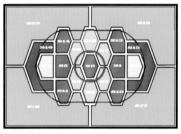

■ 佳能21分区测光分布图

「光圈：F11　曝光：1/320s
ISO：200　焦距：30mm」

■ 左图，拍摄者拍摄阳光下的水上人家，曝光准确，画面清晰，为观者展现了一处静谧的世外桃源。

「光圈：F5　曝光：1/640s　ISO：200　焦距：180mm」

■ 上图，拍摄者在微距条件下拍摄绽放的荷花。画面色彩搭配绝佳，恰到好处地展现了荷花盛开的娇美与出淤泥不染，光线柔和，自然生动。

　　虽然本测光模式能应对大多数场景，但在某些特殊情况下，也会产生过（欠）曝。

■ 例如，右图人物的拍摄光线较暗，未能以明快的色调展现年轻少女的活力与朝气，画面欠曝。

「光圈：F5.6　曝光：1/250s　ISO：100　焦距：35mm」

使用测光工具进行测光

测光表是测量被摄体表面亮度或发光体发光强度的一种仪器。在摄影过程中可通过各种已知条件并根据瞬间变化的客观条件准确提供被摄体的照度或亮度，为拍摄者提供拍摄时所需的光圈和快门的组合参数。测光表是专业摄影中必不可少的工具。

入射式测光表

入射式测光表的测光方式是将测光体放在被摄体的位置上，测量照射到被摄体上的光量。它测得的光值不表示被摄体某一部分有多亮，而是全部光线照在被摄体的某一部分有多亮。例如，晴天在海滩旁拍摄人像照片时，用入射式测光表对被摄者面部测光，采用测光表提供的光值选择光圈及快门速度，就不会因为海滩沙粒的反光而影响被摄者面部的层次感。在这种情况下，如果采用反射式测光表测光（它提供的光值是一个平均值），人物面部就可能会因为背景的反光而显得曝光不足。

■ 入射式测光表实物图

反射式测光表

反射式测光表以景物反射光线的方式来测光。比如，对着一个较亮的被摄体测光可得到一个较大的读数，而对着一个较暗的被摄体测光则得到一个较小的读数。如果面对的景物既有亮处又有暗处，反射式测光表就会给出一个平均数值，它综合了被摄体的亮暗数值。所有自动测光相机内的测光机构都属于反射式测光表。

■ 反射式测光表实物图

 技术提高

测光表测量的结果是在最终的胶片或照片上产生中灰影调。测光表的职能是：不管景物是明是暗，根据它的指示曝光，它都能保证拍摄者得到一个明暗度适中的影像，这个结果就是反光率为18%的灰色，或者叫中灰。

点测光表

点测光表也是一种反射光测光表。一般来说，点测光表是指测量角度为1°至3°的测光表。点测光表功能比较单一，不具备测量入射光的功能。

点测光表的长处是能够测量很小的被摄体的亮度。风光摄影中可以用它测量某个景物的亮度。1°的点测光表能够测量中天的月亮。如果在广告、产品摄影中用光导纤维或微型灯具布光的话，就只能用点测光表测光了。所以它是对曝光要求严格的摄影者和拍摄彩色反转片的摄影者的常用工具。

■ 点测光表实物图

使用灰卡

当光线照射到某一物体时，该物体会将某些光线反射回来，反射回来的光线强度与入射光光照强度的比例就叫反射率。例如，某一物体（如黑碳）基本上不会反射光线，它的反射率就为零；而水银镜面会将全部的光线反射回来，它的反射率就为100%；柏油马路会反射回一半的光线，它的反射率就为50%。在反射率的两个极限（100%和0）之间，为什么选择18%灰而不是其他数值作为测光依据呢？这是因为自然界中反射率的平均值是18%。所以在拍摄照片时，要想得到正常影调的照片，就要以18%灰为依据。

 技术提高

在自然界中，所有物体的反射率都能在灰阶图中找到对应的灰阶数值；一个色调丰富的场景，基本包含了从0到9共10个区域的全部灰阶。

| 100% | | | | 8% | | | | | 0 |

■ 反射率对应图

■ 灰阶区位对应图

[光圈：F11 曝光：1/100s
ISO：200 焦距：20mm]

| 9 | 8 | 7 | 6 | 5 | 4 | 3 | 2 | 1 | 0 |

不同类型闪光灯的光线控制方法

　　使用不同类型的闪光灯，或配合不同摄影附件可以使画面呈现不一样的风格。例如，在闪光灯前加装柔光罩可控制画面反差，调整色温，使光线柔和自然，得到极佳的闪光效果。这种用柔光拍摄的影像也显得格外细腻、柔和，能产生较好的视觉效果。

加装柔光罩使光线发生漫反射

　　如果拍摄环境太暗必须使用闪光灯，可在闪光灯前加装柔光罩，使灯光发生漫反射，并避免直接面对被摄体，以使被摄体得到的光线相对柔和并且更加自然。在较暗的环境下光亮有限，快门速度普遍要超过手持极限，很容易拍出重影或过于虚幻模糊的画面。在速度不够的情况下，相机一定要端稳，或利用其他物体作为支撑，将相机放在上面以免发生手抖。

「光圈: F1.4　曝光: 1/100s
ISO: 1600　焦距: 85mm」

■ 左图为昏黄灯光下的酒杯，环境光亮有限，大光圈和中低速快门的运用使画面显得较为浪漫，光线柔和自然，画面节奏舒缓。

闪光灯下应对红眼现象开启防红眼模式

　　"红眼"是指使用数码相机在闪光灯模式下拍摄人像特写时，在照片上人眼的瞳孔呈现红色斑点的现象。在比较暗的环境中，人眼的瞳孔会放大，此时如果闪光灯的光轴和相机镜头的光轴比较近，强烈的闪光灯光线会通过人的眼底反射进镜头，而眼底有丰富的毛细血管，这些血管是红色的，就会在画面中形成红色的光斑。防红眼功能是指在正式闪光之前预闪一次，使人眼瞳孔缩小，从而减轻红眼现象的功能。

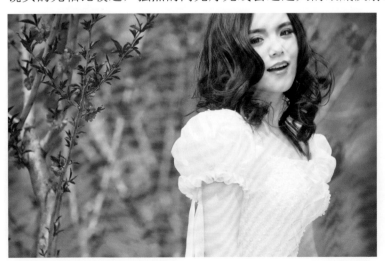

「光圈: F2.8　曝光: 1/2500s
ISO: 100　焦距: 160mm」

■ 左图拍摄者开启防红眼模式，使人物主体眼睛明亮清晰。

Chapter
10 对焦

对焦是拍摄照片的基础之一，它左右着照片的好坏。虽然操作简单，但也应掌握其
基础知识，并勤加练习以保证对焦效果。

光圈：F4.5　曝光：1/200s　ISO：250　焦距：24mm

📷 自动对焦

　　自动对焦（Auto Focus）又称为自动调焦，是相机具备的一种通过电子及机械装置自动完成对被摄体对焦，并得到清晰影像的功能。

　　自动对焦的主要特点是聚焦准确性高，操作方便，有利于拍摄者把精力更多地集中在所拍摄的画面上。

自动对焦的工作原理

　　简单来说，自动对焦就是相机自动调整焦距以获得清晰画面效果的功能，可分为主动式自动对焦和被动式自动对焦。主动式自动对焦主要利用发射红外线或超声波的方式量度被摄体距离，自动对焦系统根据所获得距离资料驱动镜头调节像距，从而完成自动对焦；被动式自动对焦主要通过接受来自被摄体的光线，以电子视测或相位差检测的方式完成自动对焦。

　　现在的数码单反相机几乎都采用了自动对焦机构。自动对焦对过去采用手动方式合焦的操作进行了自动化，拍摄者仅需按下快门按钮就能够完成对焦，操作便利。但对焦本身还需要依靠拍摄者的"意识"来决定，相机并不能自动对焦于理想的部分。

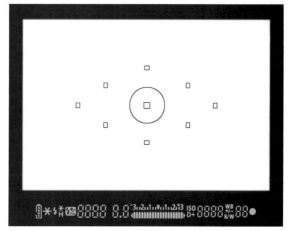

■自动对焦点／自动对焦时合焦的部分

　　用于对焦的感应器用四方形标记。在对焦点自动选择模式下，当听到"嘀嘀"的提示音时，合焦位置将闪烁。另外，还可以从自动对焦点中选择任意位置进行对焦。

■按下自动对焦点选择按钮

 技术提高

在手动选择对焦点进行拍摄后，应恢复自动对焦点设置。当所有的自动对焦点都点亮一下后，表示成为对焦自动选择模式。此外也可选择中央对焦点等，以方便进行下次拍摄。基本位置的选择要根据拍摄者的习惯和喜好。

■自动对焦点选择

对焦锁定

对焦锁定（Automatic Focus Lock）是指自动对焦后暂时固定焦点进行拍摄。我们经常遇到相机对着单色或者平面物体无法完成对焦，或者对焦缓慢而导致错过拍摄时机的情况，如果在这时利用对焦锁定功能，就能避免这种情况。例如，拍摄时无法完成自动对焦，可参照同等距离的物体先进行对焦，然后开启对焦锁，锁定对焦值，再将镜头对准所要拍摄的被摄体，根据画面进行测光，完成拍摄。

■ 对焦锁定按钮实物

「光圈：F2.8　曝光：1/8000s
ISO：200　焦距：17mm」

■ 左图为拍摄者拍摄的海滨景色。白色的礁石在泛着白色泡沫的海水中非常突出，成为整幅画面的中心点，近处纯白洁净，远处海水淡蓝，如此美景在拍摄者的展现下让观者觉得心旷神怡。对焦锁的运用使拍摄者能够准确捕捉到海水涨潮的瞬间。

在拍摄从远处迎面而来的物体时，由于速度过快，相机的对焦系统来不及反应，对焦点总是滞后于被摄体，导致拍摄出的画面模糊不清。为了弥补相机对焦缓慢的缺陷，我们应选择合适的参照物作为对焦参照点，参照物的位置即是需要拍摄的主体的位置，然后对其进行对焦，对焦完成后按下焦距锁定按钮。更换拍摄对象后，在拍摄对象运动到参照点的瞬间，果断地按下快门，完成拍摄。由于省掉了对焦的过程，按下快门的瞬间就进行拍摄，因此可避免对焦延时导致的画面模糊。佳能相机的自动曝光锁为"*"键，预设自动对焦锁为半按快门不释放；尼康相机在半按下快门释放按钮且拍摄对象位于对焦点时，按下AE-L/AF-L按钮可锁定对焦和曝光。当然，这些按钮的功能也可以根据机身程序设置进行更改。

技术提高

给对焦锁定找参照物时要注意光圈值，光圈越大景深越小。这时候参照物与相机间的距离应与被摄体与相机间的距离尽量相等，否则易造成失焦。另外，对焦锁定功能不适合应用于拍摄距离经常改变的情况。

■ 右图为拍摄者使用对焦锁拍摄的，人物突出，虽然是在夜晚拍摄的，但人物主体细节丰富。

「光圈：F1.8　曝光：1/40s　ISO：800　焦距：135mm」

多点自动对焦

　　多点自动对焦功能能够自动地对取景框中的被摄体选取一个或多个焦点，并能在多种拍摄环境下，实现更为快速、准确的自动对焦。如果拍摄对象是静物，多选用单点对焦；如果拍摄对象是在不断运动的，多点对焦能够在追焦方面表现出很大优势。

「光圈: F2.8
曝光: 1/1600s
ISO: 200
焦距: 100mm」

■ 上图为拍摄者使用多点自动对焦功能拍摄的，捕捉到了儿童嬉戏水花的瞬间。水花清晰富有动感，画面动静结合，趣意盎然。

　　当拍摄者想把一定范围内的东西都拍摄得较为清晰，特别是拍摄前后景距离较大的风景照片时，多使用多点自动对焦功能。此外，在拍摄运动中的被摄体，如飞鸟时，也多需采用多点自动对焦。可以说，多点自动对焦最大的用处就是对运动中的被摄体自动对焦。主要用于抓拍，或者在大光圈、景深小、拍摄距离近和不方便移动构图等情况下使用。

　　简单地说，多点自动对焦就是相机利用景深原理自动调节景深，使几个焦点（不管这几点在不在同一个焦平面上）都落在景深内，然后相机自动判断多点中的一个作为焦点。

「光圈: F3.5　曝光: 1/1000s
ISO: 100　焦距: 18mm」

■ 左图为拍摄者采用多点自动对焦模式，快速准确地对写生中的人物与景色进行对焦拍摄的。画面整体清晰，呈现了静谧祥和的氛围，给人舒适惬意的感受。

预先自动对焦

多年前柯尼卡美能达 α 系列数码相机上具有的预对焦功能与如今我们所说的预先对焦功能大体一致，都是相机在待机状态下就会预先寻找对焦点，从而在真正拿起相机准备拍摄时能够缩短对焦时间的一项功能。需要注意的是，启动"预先自动对焦"功能后，在进入节电模式前会不断寻找对焦点，对电力的损耗显而易见。

■ 预先自动对焦功能

「光圈：F5.6　曝光：1/800s
ISO：200　焦距：120mm」

■ 左图为拍摄者利用预先自动对焦功能拍摄的。画面主体清晰，小鸭子灵动可爱，画质细腻，给人温暖舒适的感受，画面生活气息浓厚。

「光圈：F10.0　曝光：1/400s　ISO：100　焦距：50mm」

■ 上图，拍摄者使用人工智能自动对焦模式拍摄海边景色，将房屋准确捕捉到，使画面更具真实感。

「光圈：F14　曝光：1/15s　ISO：100　焦距：50mm」

■ 上图为拍摄者使用预先自动对焦功能拍摄的山谷间湍急的水流。拍摄者预先寻找画面焦点，在摁下快门的瞬间利用慢速快门很好地捕捉了快速流动的水流，画面极具动感，富于变化与灵动之美。

 技术提高

数码单反相机具有9点、11点、19点甚至更多的自动对焦点，拍摄者可以根据需要进行取景，并选择不同的对焦点。采用预先自动对焦可以减少拍摄者的对焦时间，帮助拍摄者自动对焦被摄体。

「光圈：F2.8　曝光：1/1600s
ISO：100　焦距：100mm」

■ 这张照片是拍摄者采用自动对焦模式拍摄的，展现了美丽的秋天风景，画面静谧和谐。开放性构图显得空间感强，给人生机勃勃的感觉。

手动对焦

手动对焦，即通过转动镜头对焦环等方式实现清晰对焦，是对自动对焦功能的有力补充，更是对画面质量的有效保证，能够帮助我们拍摄出高水准的摄影作品。

使用手动对焦

在遇到以下拍摄情况时，我们需要使用手动对焦功能：景物反差小、主体背景反差过大、环境亮度低、环境亮度过高、有高亮度光源干扰、需要透过透明屏障（如玻璃）拍摄、主体在对焦区域外等。

［光圈：F2.8　曝光：1/500s　ISO：100　焦距：100mm］

■ 上图表现的是室内的多盆鲜花。景物反差较小，拍摄者采用手动对焦模式，通过旋转镜头对焦环实现了对花朵的清晰对焦。绽放的粉红花朵在碧绿叶子的映衬下显得格外美艳，花瓣层层绽放，仿佛能嗅到一缕清香。

技术提高

手动对焦 + 放大显示+三脚架可实现高精度合焦。在进行实时显示拍摄时，使用手动对焦可获得精确度较高的合焦效果，适于拍摄风光和夜景。

■ 右图为拍摄者选择手动对焦模式拍摄的暖色调室内人像。温暖环境的衬托使人物越发显得皮肤细嫩，光洁亮眼。照片画质细腻，人物与背景虚实结合，效果很好。

［光圈：F1.7　曝光：1/80s　ISO：400　焦距：50mm］

手动对焦适合的拍摄场景

　　自动对焦便于操作，简便实用，但在某些特殊情况下，使用手动对焦才能得到更好的视觉效果。在某些特殊拍摄场景中（如拍摄环境杂乱、被摄体前有障碍物、画面主体是建筑物、画面呈现高对比、低反差，背景占据大部分画面和夜景拍摄等），我们应使用手动模式M档，然后手动调节对焦环后再进行拍摄。

■ 手动拍摄模式

「光圈：F2.8　曝光：1/2000s
ISO：200　焦距：100mm」

■ 左图表现的是自然光下的兴旺烛火。虔诚的善男信女接连点燃红色的蜡烛，给人充满希望的感受。画面烟雾缭绕，火光明亮，红烛的主体地位得到突出。

「光圈：F3.5　曝光：1/1600s
ISO：200　焦距：18mm」

■ 右图为拍摄者拍摄的大理古城门。手动对焦功能使得高速快门成为可能，天空的云朵仿佛也有了动感，瞬息流动，画面呈现了极好的视觉效果。

 技术提高

　　切换手动对焦还可以起到对焦锁的作用，我们可以利用这一原理先对某一被摄体对焦，然后进行构图，只要拍摄距离相同就不用再次对焦。

Chapter
11

镜头和摄影附件详解

俗话说，巧妇难为无米之炊。想要拍摄出优秀的作品就需要拥有性能优秀的镜头、附件及备品。在本章中，我们将详细为您讲解摄影镜头和附件的选购要点，让您拥有得心应手的拍摄工具，拍摄出更为精彩的作品。

光圈：F2.8 曝光：1/320s ISO：100 焦距：100mm

取景靠镜头

镜头是相机用以生成影像的光学部件，由多片透镜组成。不同的镜头有不同的造型特点。镜头的主要功能为收集被摄物体反射光，并将其聚焦于影像感应器（CCD或CMOS）上，其投影至影像感应器上的图像是倒立的，而电路具有将其反转的功能，其成像原理与人眼相同。镜头种类多样，拍摄者可通过更换镜头进一步提高数码单反相机的表现力。例如，我们能够将远处的物体拍摄得更大，或是将宽广的场景纳于一张照片。在不同场景使用不同镜头可使我们得到更为满意的画面效果。

镜头的画幅

全幅镜头就是像场可覆盖全画幅（24mm×36mm）的镜头，非全幅镜头则是其像场只能覆盖APS-C规格CCD或CMOS的镜头。

■1 全幅镜头用在全画幅相机上，像场覆盖的范围不变；全幅镜头用在非全画幅相机上，CCD（或CMOS）只能容纳其全部像场的一部分。

■2 非全幅镜头用在非全画幅相机上，像场覆盖的范围不变；非全幅镜头不能用在全画幅相机上。

■ 尼康24mm-70mm f/2.8D

变焦镜头

变焦镜头是在一定范围内可以变换焦距，从而得到不同视角、不同大小影像和不同景物范围的相机镜头。在不改变拍摄距离的情况下，它可以通过变动焦距来改变拍摄范围，因此非常有利于画面构图。由于一个变焦镜头可以担当起若干个定焦镜头的作用，因此在外出拍摄时不仅可减少携带摄影器材的数量，也可节省更换镜头的时间。

变焦镜头按变焦范围可分为标准变焦镜头和大范围变焦镜头。标准变焦镜头的变焦范围（焦距两端的比值）一般为3、4倍；大范围变焦镜头变焦范围在4倍以上。标准变焦镜头又可分为广角变焦镜头、中焦变焦镜头和中长焦变焦镜头三类。

■ 尼康AF-S尼克尔
200-400mm f/4G ED VR II

「光圈：F5　曝光：1/250s
ISO：100　焦距：100mm」

■ 左图为拍摄者采用变焦镜头拍摄的大场景风光，画面大气色彩明快，风景宜人。波光粼粼的湖面，相映成趣的山间绿树，都以稳定且富有质感的画面效果呈现在观者眼前。

定焦镜头

　　定焦镜头特指只有一个固定焦距的镜头，只有一个焦段，或者说只有一个视野，没有变焦功能。定焦镜头的设计相对变焦镜头而言要简单得多，但一般变焦镜头在变焦过程中对成像会有所影响，而定焦镜头相对于变焦镜头的最大好处就是对焦速度快，成像质量稳定。不少拥有定焦镜头的数码相机所拍摄的运动物体图像清晰，对焦非常准确，画质细腻，颗粒感轻微，测光也比较准确。

　　对于定焦镜头而言，我们可根据焦距的长短将其分为鱼眼镜头、超广角镜头、广角镜头、标准镜头、中焦镜头、长焦镜头等种类。对于传统35mm胶片相机来说，16mm以下焦距镜头为鱼眼镜头，38mm以下为广角镜头，38mm~55mm是标准镜头，55mm~135mm是中焦镜头，135mm~210mm是长焦镜头。

■ 尼康 AF-S DX 35mm f/1.8G 35mm定焦镜头

「光圈：F6.3　曝光：1/200s
ISO：100　焦距：24mm」

■ 左图为拍摄者采用定焦镜头拍摄的毕业生的集体合影。画面光线明亮，成像稳定，且对焦清晰准确，每一个人物的表情特征都捕捉到位，画面柔和。

■ 下图，使用定焦镜头拍摄风景，可使拍摄出来的景物清晰，还可以让照片的色彩看起来更加柔和漂亮。

「光圈：F2.8　曝光：1/320s
ISO：100　焦距：55mm」

适合拍摄风光的镜头

风光摄影取景宽广，因此应使用拥有宽广视角的广角镜头或超广角镜头，如EF-S 10-22mm f/3.5-4.5 USM、AF-S 尼克尔20mm f/1.8G ED、AF-S DX变焦尼克尔17-55mm f/2.8G IF-ED等。这些镜头的视角宽广，可以将较大范围内的景物摄入镜头，非常适合拍摄风光。广角镜头的特点是视角宽广、透视效果明显、景深深，擅长表现宏大的场景。

■ 尼康 AF-S 尼克尔
24-70mm f/2.8G

「光圈：F6.0 曝光：1/125s
ISO：100 焦距：60mm」

■ 左图，拍摄者使用24-70mm的尼克尔镜头配合D800拍摄风光。该镜头的最小光圈可达F22，能够清晰地展示风光景色的大深景。

鱼眼镜头是一种焦距极短且视角接近或等于180°的镜头。16mm或焦距更短的镜头即可认为是鱼眼镜头。当你把鱼眼镜头举到齐眼的高度并向正前方拍摄时，这支镜头会拍摄到你面前半球形空间内的一切，甚至包括你自己的鞋子。这种影像通常会在画幅内形成一个圆形。显然，鱼眼镜头是一种特殊效果镜头，失真效果明显，透视线条沿各个方向从中心向外辐射，画面内除通过中心的直线仍保持平直外，其他部分的直线都会弯曲。

■ 尼康AF DX Fisheye
10.5mmf/2.8G ED

「光圈：F7.1 曝光：1/2500s
ISO：400 焦距：10mm」

■ 上图为拍摄者采用鱼眼镜头仰拍的城市中的高楼。成群的高大建筑在半球形的空间内得到特殊展现，画面效果极度失真，但别有一种万物皆大唯我渺小的感受，让人印象深刻。

适合拍摄人像的镜头

　　50mm、85mm、135mm焦距的镜头被广泛用于拍摄人像，称为人像镜头。在这些焦段中，无论是定焦镜头还是覆盖这些焦段范围的变焦镜头都非常适合拍摄人像。采用这些焦段拍摄的人像透视变形小，能够得到如人眼所见的视觉效果。在人像镜头中，标准定焦镜头无疑是最为亲民的，它们光学结构优异，能够获得高品质影像，并拥有大光圈，能够获得柔美的焦外虚化效果。而且镜头小巧便携，相比于85mm、35mm焦距的镜头，标准镜头的价格相对较低。近能够拍摄花草，远可拍摄风光，对于摄影爱好者而言是很好的选择。

　■ 尼康 AF-S NIKKOR
　　85mm f/1.4G

　「光圈: F1.4　曝光: 1/125s
　　ISO: 100　焦距: 85mm」

■ 右图拍摄者借助尼康人像专用镜头拍摄写真照，使画面的色彩真实、颜色鲜明。镜头的纳米结晶涂层可避免强光下鬼影和眩光的发生。

适合街拍的镜头

　　35mm的镜头被公认为是人文纪实镜头，非常适合拍摄街景。这是因为，第一，35mm焦距的镜头轻便易携，适合手持相机进行拍摄；第二，该焦段取景范围大，能够表现大场景，并可表现出强烈的透视感；第三，该焦段接近标准焦段，如果安装在APS-C画幅相机上则可得到类似于标准镜头的视角，适合表现有人物的场景。

　■ 佳能 EF 35mm f/1.4L II USM 镜头

　「光圈: F1.4　曝光: 1/320s
　ISO: 320　焦距: 35mm」

■ 左图，拍摄者在夜晚拍摄建筑物。适合初学者使用的佳能35mm镜头拥有优秀的光学防抖性能，使得在夜晚拍摄建筑物时也能变得轻松自如。

适合拍摄花草的镜头

花草由于形态微小，要使用普通镜头拍好它们并不容易，而这对于微距镜头或者长焦镜头而言却是强项。使用这两种镜头可轻而易举地得到主体突出、细节丰富的花卉照片。

微距镜头是一种可以近距离拍摄被摄体的镜头。微距镜头在胶片上所形成的影像大小与被摄体自身的真实尺寸差不多相等，主要用于拍摄十分细微的物体，如花卉、昆虫等。

微距镜头的最大特点是可将体型较小的被摄体拍摄得更大。微距镜头的使用范围很广，从花卉题材到昆虫题材都能使用它来完成拍摄。不同的微距镜头焦距长短也不同，简单来说，它们的区别在于拍摄距离远近的不同。焦距短的镜头拍摄距离也较短，焦距较长的微距镜头则适合从稍远的地方进行拍摄。不同的微距镜头之间也存在很大差异，拍摄者应该根据与被摄体之间的拍摄距离及拍摄目的选择合适的微距镜头。

■ 尼康AF-S DX微距尼克尔
85mm f/3.5G ED VR

「光圈: F2.2　曝光: 1/400s
ISO: 100　焦距: 10mm」

■ 左图为拍摄者使用微距镜头拍摄的盛开的花朵。图像清晰，花蕊的对焦非常准确，画面细腻，颗粒感轻微，花瓣娇嫩的质感得到了完美表现。测光也比较准确，温暖柔和的色调将鲜花的美丽完美呈现在人们眼前。

「光圈: F2.8　曝光: 1/400s
ISO: 100　焦距: 105mm」

■ 右图，拍摄者使用微距镜头捕捉蜜蜂采蜜。微距镜头的成像效果锐利，使得微距景观画面色彩很好。而且结合相机的微距模式，展示出更多的微观细节。

摄影附件

除了机身和镜头之外，数码单反相机还有很多配件。适当地使用这些配件能为拍摄带来很多便利，也更能发挥数码单反相机的优势。那么，最常用的数码单反配件有哪些呢？本节将为您讲述。

三脚架和云台

三脚架的主要作用就是稳定相机，以得到较好的画面效果。按照材质分类，三脚架可分为合金材料和碳纤维材料两类。采用合金材料的三脚架较碳纤维材料的三脚架便宜，但较为笨重；采用碳纤维材料的三脚架价格较贵，但重量轻，而且吸收震荡波的效能要比合金材料的三脚架好。

■ 合金材料三脚架　　　■ 碳纤维材料三脚架

通常我们说的三脚架其实是由云台和三脚架组合而成的。云台的作用是支撑相机并且调节相机的拍摄角度。按类型可分为三维云台（又称为三向云台）和球型云台（又称为自由或万向云台）两种。

三维云台可在横向旋转、纵向俯仰和水平翻转三个方向分开调整。优点是定位精度高，承重大；但缺点也较为明显，X、Y、Z三轴分别设置了调节手柄，操作较为麻烦，不利于抓拍。

■ 三维云台　　　　　　■ 球型云台

球型云台与三维云台恰恰相反，一般只有球锁和旋转锁，结构相对简单。可以固定在任意的角度，锁定和调整角度迅捷便利，已经成为市场的主流。

快装系统主要包括快装板和云台面板。快装板是固定在云台上，用于锁定云台面板的附件；云台面板是安装在相机（或镜头）底部，在需用脚架时可快速安装在快装板上的附件。

 技术提高

如何使用快装系统呢？首先，将快装板固定在相机上。快装板如图1所示，相机如图2所示。其次，将快装板装入云台的面板并锁紧，即把安装好的快装板和相机整体装在云台面板上并锁紧固定，确保其稳定性后就能开始拍摄了，云台面板如图3所示。

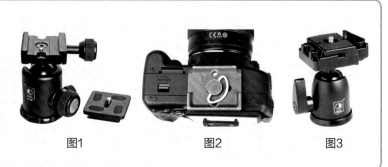

图1　　　　　　图2　　　　　　图3

　　这张照片为我们呈现了晚霞下的古旧长城。三脚架等附件的使用使画面清晰。整张照片层次感强，色彩富于变化，如同油画般，极具艺术色彩。附件的使用对于拍摄来说至关重要，合适的附件备品能使画面更为理想。我们要学会在拍摄过程中对拍摄附件适时加以运用，定格最美的画面。

「光圈：F5.6　曝光：1/250s
ISO：100　焦距：36mm」

电池和手柄

作为数码单反相机最重要的附件之一，电池对于拍摄起着重要作用，只有充足而持久的电力才能保证拍摄的顺利进行。应该注意的是，即使有些电池与专用电池的形状相近，也是禁止使用的。非专用电池在某些情况下可能会导致相机机身损坏，购买备用电池时务必购入正确型号的原厂产品。

■ 电池实物图

■ 电池及充电器

技术提高

1. 以正确方向将电池装入充电器内。确认插入到位，保证触点接触良好。
2. 充电时间因电池种类而异，详情请参阅使用说明书。
3. 打开相机电池仓盖，插入已充满电的电池。插入时应使触点朝向相机内部，确认方向正确后插入。

电池充电步骤如下所示。

1 将电池装入充电器。看好正确方向将电池装入充电器内。确认插入到位，保证触点接触良好。

2 将插头插入插座。给装好电池的充电器连接上电源线，将电源线插头插入插座。

3 充电完成。充电时间因电池种类而异，详情请参阅使用说明书。绿色指示灯点亮表示充电完成。

4 将电池插入相机。打开相机电池仓盖，插入已充满电的电池。插入时应使触点朝向相机内部，确认方向正确后插入。

数码单反相机手柄的主要功能是增加电池容量，为相机额外提供电量。竖拍手持更舒适，可为构图提供方便，并增加手持的重量，使用起来更稳定，还能提高快门的连拍速度。

数码单反相机手柄的作用有以下两点。

1 改善手感，有些数码单反相机体积太小，不好把握，配合手柄使用更便利。

2 外观更专业，手持更稳定，尤其是搭载大镜头时，可以让机身更为稳定。

■ 相机手柄实物图

■ 相机手柄使用示意图

存储卡与读卡器

存储卡是用于手机、数码相机、便携式电脑、MP3等数码产品上的独立存储介质，一般是卡片的形态，故统称为"存储卡"，又称为"数码存储卡""数字存储卡"等。存储卡具有体积小巧、携带方便、使用简单、兼容性强的优点。近年来，随着数码产品的不断发展，存储卡的存储容量不断得到提升，应用也快速普及。

存储卡的种类很多，数码相机所使用的存储卡主要有CF卡和SD卡。

CF卡（Compact Flash）

CF卡是目前市场上历史悠久的存储卡之一，优点是容量大、成本低、兼容性好，是数码相机主要的数据存储介质之一。缺点是体积较大。

■ CF卡实物图　　　　　■ SD卡实物图

SD卡（Secure Digital）

从字面理解，此卡就是安全卡，它比CF卡及早期的SM卡在安全性能方面更加出色，也是较为主流的存储介质之一。它是由日本的松下公司、东芝公司和SANDISK公司共同开发的一种全新的存储卡产品，最大的特点就是具有加密功能，可保证数据资料的安全。

随着高像素、高连拍速度的数码相机的不断推出，数码存储卡也在容量及写入速度方面不断进步。一般来说，写入速度高于5MB/s的都属于高速卡，低于这个速度的称为低速卡或普通卡。

购买存储卡时还需要注意以下几点：

1 兼容性。就像电脑硬件一样，存储卡也存在兼容性的问题。不同品牌的存储卡与数码相机之间也存在一定的不兼容问题，如读卡时间过长、出现死机等情况。所以，大家在购买存储卡时一定要记清机器对应的存储卡型号，亲自带机器去试是比较保险的做法。

2 存储卡的包装和外观做工。要注意包装的印刷质量是否清晰，有无防伪标签，最好拨打热线电话查询真伪，最后再查看卡的整体制造情况，如是否有变形、凹凸、裂缝、卡的边缘有无毛边以及切角是否匀称等问题。

3 厂家提供的保修时间。一般品牌只提供一年质保，而像SANDISK这样的大厂一般均提供5年质保，所以在购买时一定要问清所购买存储卡的保修时间，并索要相关的发票收据。

读卡器（Reader）

读卡器是一种专用设备。插槽一端可以插入存储卡，端口可以连接到计算机。把适合的存储卡插入插槽，端口与计算机相连并安装所需的驱动程序之后，计算机就会把存储卡当作一个可移动存储器，从而可以通过读卡器读写存储卡。按所兼容存储卡的种类可以分为CF卡读卡器、SM卡读卡器以及SD卡、MD卡等兼用的多插槽读卡器。

所有数码相机都随机配备一条可向计算机传递数据的数据线。

■ 读卡器实物图

补光设备

闪光灯是一种补光设备，它可保证拍摄者在昏暗情况下得到清晰明亮的画面。在户外拍摄时，闪光灯还可用作辅助光源，用以强调皮肤的色调，或根据摄影师需求布置特殊效果。

「光圈：F4 曝光：1/125s
ISO：160 焦距：32mm」

■ 右图为拍摄者在光线较暗的室内用闪光灯拍摄的少女模特。闪光灯的补光作用使人物面部和身形都得到清晰展现，画面色调搭配和谐，身着明黄色上衣的人物在红墙前格外显眼。

■ 闪光灯实物图

专用的反光板两面折叠的较多，通常为一面金色一面银色，或一面金色一面纯白。反光板一般用来消除人物面部的阴影，使人物眼睛呈现光彩，给人以目光炯炯有神的感受。

一般来说，银色反光板可以增加人物的面部光线，使人物面部显得更加白净，从而遮盖面部的瑕疵；而在使用金色反光板时，一些特殊的光线场合可以让人物的面部看上去更加温暖、柔和，使整张照片的色调别有韵味。

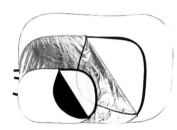

■ 反光板实物图

摄影包

因各人摄影器材不同，习惯的使用方法也不同，拍摄者应根据自己的需要选择合适的摄影包，并注意以下几点。

1 耐用性。摄影包的面料主要有纯棉防水帆布和高密度防撕防水尼龙两种，两种面料的耐磨耐用性能都较高，但要注意尽量避免刮蹭。

2 灵活性。现在市面上的不少摄影包都可以将海绵内胆全部取出，这样就和普通的双肩背包或单肩包无异，可兼做日常使用，灵活性较强。

3 防磕碰的能力。有海绵垫相隔能够避免内部器材相互磕碰。摄影包的薄弱环节一般都在顶盖，因为此处没有海绵保护，所以使用时要特别注意。

4 防雨、防雪、防潮、防尘的能力。对于帆布摄影包来说，抵抗小雨的侵袭没有问题，但尼龙面料的防雨、防雪、防潮性能更强。尤其是在雪天要特别注意，落在摄影包上的积雪一旦融化会慢慢渗透进包内，所以要想完全摆脱雨雪、灰尘的侵袭，防雨罩的使用很有必要。

5 防盗性与隐蔽性。摄影器材通常比较贵重，不宜太过招摇，以不引人注目为佳。部分摄影包在顶部设有拉链以便迅速拿取器材，但这也给器材的安全带来隐患，使用时应多加注意。同时，使用双肩摄影包时也要特别注意防盗的问题。

■ 摄影包实物图

滤镜

　　滤镜的主要作用是根据不同波段对光线进行选择性吸收或通过。滤镜由镜圈和滤光片组成，常装在相机或摄影机镜头前面。黑白摄影用的滤镜主要用于校正黑白片感色性及调整反差、消除干扰光等；彩色摄影用的滤镜主要用于校正光源色温，对色彩进行补偿等。

　　从制作材料上看，滤镜可分为色胶膜、玻璃夹膜和色玻璃三种。

　　1 色胶膜滤镜透明度高，颜色种类较多，制作成本较低，尺寸可根据需要随意剪裁。

　　2 玻璃夹膜滤镜透明度高，用化学方法制成的色素等级较多，对各种色光都具有较高的吸收和通过能力，便于擦拭和保存。

　　3 色玻璃滤镜透明度高，研磨厚度较薄，不会改变镜头的焦点，吸收和通过各种色光的能力较强，即使受潮受热，颜色照样保持不变，在现代摄影中普遍采用。

■ 红色滤镜　　　　　■ 绿色滤镜　　　　　■ 黄色滤镜　　　　　■ 滤镜实物图

「光圈：F1.8　曝光：1/50s　ISO：800　焦距：50mm」

　　根据滤镜的色素密度可将其分为弱性、中性和强性。

　　1 弱性滤镜吸收力小，通过率大，只吸收紫外线和少量的蓝紫光线。拍摄照片的影调与被摄体色调无明显差别，而且一般不会影响曝光量，多在照度较弱或被摄体运动较快时使用。通常使用的0号微黄和1号淡黄滤镜都属于弱性滤镜。

　　2 中性滤镜吸收力较大，通过率略小，可吸收大部分蓝紫光线。拍摄的照片影调较为自然，效果较理想，在风光、花卉、雪景、建筑物、室外人像和静物摄影中较为常用。

　　3 强性滤镜吸收力极大，通过率很小，能够吸收全部蓝紫光线，只通过所需的部分色光。拍摄照片的影调与被摄景物的色调相比反差强烈，对景物颜色的调节超越了自然状态。在拍摄远景风光时能消除空气中的薄雾，使远景分外清晰。

　　■ 左图是拍摄者使用红色滤镜拍摄的，画面以红色调为主，主体人物生动清晰，女孩嘴角轻扬，给人温柔动人的感觉。

UV镜

UV（Ultra Violet）镜又叫作紫外线滤光镜。通常为无色透明的，不过有些因为加了增透膜，在某些角度下会呈现紫色或紫红色。许多人购买UV镜来保护娇贵的镜头镀膜。除此附属功能外，UV镜还可以排除紫外线对影像感应器的干扰，有助于提高画面的清晰度和色彩表现。由于数码相机的影像感应器不像传统的胶片那样对紫外线敏感，因此可以说在数码相机上，UV镜所起的保护作用远远大于滤光作用。

 技术提高

UV镜适于拍摄海边、山地、雪原和空旷地带等环境，能减弱因紫外线引起的蓝色调，有助于提高画面的清晰度，并可使色彩还原效果更为优异。

■ 天马超薄 MC UV镜 55mm

「光圈：F8　曝光：1/640s
ISO：200　焦距：24mm」

■ 左图是拍摄者利用UV镜拍摄的宽广的碧草蓝天。画面清晰度高，色彩明亮，给人天高云淡的清爽之感。朗朗晴空与绿色草地相映衬，更添舒适与自然。

「光圈：F11　曝光：1/1000s
ISO：200　焦距：112mm」

■ 右图为拍摄者利用UV镜拍摄的我国西部特有的风光。UV镜的使用有效减弱了因紫外线引起的蓝色调，画面色调明快，空间感强，显得大气宽广。

中灰滤镜

中灰滤镜（简称ND镜）是相机镜头外加滤镜的一种，具有一定的光学密度，能起到减少光通量的作用。拍摄时加装中灰镜后，对色彩无影响，也不改变被摄体的光线反差，只起到阻光作用，所以又称为中性灰阻光镜。

与渐变镜不同的是，ND镜对各种不同波长光线的减少能力是同等的。ND镜只起到减弱光线的作用，而对原物体的颜色不会产生任何影响。因此可以真实再现景物的反差，在彩色摄影和黑白摄影中同样适用。根据阻挡光线能力的强弱，中灰滤镜可分为ND2、ND4、ND8（分别延长1档、2档和3档快门速度）等。不难看出，ND后面的那个数字代表了ND镜阻挡光线的能力。另外，由于数码单反相机是通过镜头进行测光的，因此ND镜不会对相机的自动曝光系统产生任何影响。

■ 索尼VF-77NDAM 灰镜ND8

使用ND镜可改变画面效果，更好地满足拍摄需求。例如拍摄流水时，可使用ND镜把水拍成雾状，增强画面的美感。

「光圈：F22　曝光：1/60s　ISO：100　焦距：50mm」　　　「光圈：F22　曝光：1/15s　ISO：100　焦距：100mm」

■ 拍摄上面左图时，拍摄者未使用ND镜。将光圈缩小到极限、ISO调到最低档后，快门速度仍保持在较快的档位，海浪被凝固。上面右图是拍摄者使用ND镜拍摄的。ND镜的阻光作用使快门速度降低，海浪呈雾状。

此外，还可使用ND镜将点状的运动物体拍成线条，增强画面的动感。

「光圈：F11　曝光：1/30s　ISO：100　焦距：24mm」　　　「光圈：F11　曝光：1/13s　ISO：100　焦距：24mm」

■ 拍摄上面左图时，拍摄者未使用ND镜。由于曝光时间相对较短，小船轮廓清晰，画面缺少动感。上面右图是拍摄者使用ND镜拍摄的。曝光时间相对延长，小船运动轨迹被"拉长"，使画面极具动感。

渐变镜

渐变镜的渐变作用是渐进的，起阻挡光线作用的在其有色一侧，另一侧无色透明部位对照片没有影响。按用途、效果分类，常见的渐变镜有灰色渐变镜和有色渐变镜（蓝色渐变镜、灰茶色渐变镜、橙色渐变镜等）两大类；按形状分类，又分为旋入式（圆形）和插入式（方形）两种。

使用插入式（方形）渐变镜时应先将镜头转接环拧到镜头上，然后依次插入托架、渐变镜。插入式（方形）渐变镜的优势在于可以上下自由调整，较为方便。

旋入式（圆形）渐变镜则是将渐变镜片旋转置入镜架凹槽内，较为牢固。

由于采用插入式设计的渐变镜比较容易改变角度，可以通过上、下移动位置改变渐变比例，因此非常受摄影爱好者欢迎。使用插入式设计渐变镜时可利用托架将其固定在镜头前面，同时可安装多片滤镜一起使用。

■ 圆形渐变镜

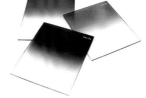
■ 方形渐变镜

■ 圆形渐变镜托架

■ 加装渐变镜的相机

在户外拍摄时，很多时候天空与地面的光亮差异都会很大。由于相机感光组件的宽容度有限，所以，在这种情况下很难拍到天空、地面同时曝光正常的照片（要天空曝光准确，地面就会因曝光不足而变成一片黑；要地面曝光准确，又会使天空曝光过度甚至出现大面积高光溢出现象）。这时，利用渐变镜进行拍摄是较为理想的解决方案。

■ 未使用渐变镜

■ 使用中灰渐变镜

■ 使用深灰渐变镜

如加装有色渐变镜进行拍摄，则既能压暗天空，又可改变画面颜色，从而起到强调色调的作用。

■ 加装蓝色渐变镜

■ 加装橙色渐变镜

■ 加装红色渐变镜

偏振镜

在自然界中，很多物质受到光的照射后，会产生较为强烈的反射光，尤其当其与光照方向成45°角时，此物质的反光最为强烈。所以，拍摄如水中的物体、玻璃或塑料薄膜覆盖下的物体、光滑纸面上的文字图案，以及某一角度下日照的蓝天时，就会出现强烈的反光。偏振镜就是为消除这种对摄影有害的光线而专门制造的滤镜。根据过滤偏振光的机理，偏振镜又可以分为圆偏振镜（简称CPL）和线性偏振镜（简称LPL）两种。虽这两种偏振镜的作用是相同的，但由于加装LPL后相机不能实施自动对焦，因此被CPL所淘汰。

■ 偏振镜实物图

偏振镜的作用有如下几点。

1 能够消除水面、玻璃等物质造成的反光。

■ 加装偏振镜前

■ 加装偏振镜后

2 能消除塑料薄膜等有机物质造成的反光。

■ 加装偏振镜前

■ 加装偏振镜后

3 虽然能消除光滑表面上的反光，但对金属表面的反光不起作用。

■ 加装偏振镜前

■ 加装偏振镜后

Chapter
12
风光题材

自摄影艺术诞生以来，风光类题材就备受摄影爱好者青睐，且久热不衰。真实的影像能够清晰展现自然风光的美，如自然风景和城市建筑等。

光圈：F5.6 曝光：1/125s ISO：100 焦距：70mm

拍摄山林

拍摄山景时，画面要力求简洁，突出主体，坚决去掉不必要的景物，并充分利用光线和色彩的对比，表现山体形状和质感。

山景

我们往往将主体山景置于中景，以形成视觉中心。但尽量不要放在中间，否则容易因对称而略显呆板。将其放在黄金分割线上是不错的选择，我们可以利用近景和远景对主体进行烘托，从而形成良好的画面效果。为保证画面中前后景物的清晰度，我们需要缩小光圈加深景深。此时，因快门速度减慢，最好使用三脚架来保证相机稳定。

如果想要表现山势的绵延和广阔，应用横幅拍摄；如果要表现山体的高耸和险峻宜用竖幅拍摄；如要表现空间感，最好采用全景展现，以增强画面的透视感和纵深感。

「光圈：F5.0　曝光：1/80s　ISO：100　焦距：70mm」

■ 右图，拍摄者采用竖画幅构图，耸立的山峰显得十分高大，石缝中的松柏为画面增添了活力。同时硬光将山峰的棱角边缘刻画得十分清晰，给人一种硬朗的感觉。

巍峨险峻的崇山峻岭能给人留下深刻的印象，壮观美丽的山河让所有人都想一睹风采。通常，站在山下仰拍可表现山势的巍峨；站在山顶俯拍则可表现山势的宽广和深远。

技术提高

在拍摄山峰时，为了更好地突出山峰的挺拔，通常在构图时纳入更多的树木等景物来增加画面的层次感，同时借助大小对比突出山峰的高大巍峨。用光方面，采用硬光更能强调山峰的坚韧与挺拔。

「光圈：F29　曝光：1/15s
ISO：100　焦距：36mm」

■ 左图中，作为画面主体的山岭质感得到了充分的展现，富有立体感，画面层次丰富多变。硬朗坚固的岩石中生长着翠绿的树木青草，在夹缝中摄取阳光，繁茂生长，展现了顽强的生命力。

树林

森林也是拍摄者喜爱的摄影题材，不管是单独的树木、成片的树林，还是森林中的小景，只要我们用心去发现，总会拍出不一样的画面效果。拍摄森林或树林时也要找到兴趣点，它可能是形状怪异的树干，也可以是一条蜿蜒的小径。无论采用何种构图方法，都要能引导观者入画。拍摄森林时，如果画面过于完整，就会削弱森林的临场感染力。另外拍摄者还可以通过单独表现扎根于深土内部的树根或者苍老的树皮等局部区域，让观者对整棵大树或者整片森林产生联想。

「光圈: F11.0　曝光: 1/100s
ISO: 200　焦距: 14mm 」

■ 左图，拍摄者采用低角仰拍，使画面有种延伸感。前景中的枯木与背景中枝繁叶茂的树木形成了对比，展示出大自然中树木的生存状态。

无论是拍摄自然风光还是人造景观，树木都是非常重要的被摄体，我们要充分利用它们千变万化的形态展现出树木的茂盛。拍摄者要想表现出树木的各种形态，需要仔细观察，从不同的角度突出树木生长的茂盛姿态。还可以使用广角镜头从山顶向下俯拍山林，通过大面积的树木充满画面，利用树木的形状及色彩来表现其茂盛，突出大气的场景。

 技术提高

拍摄树林时，拍摄者可以利用不同焦距镜头所表现出来的画面效果，给平淡的树林景色增添新意。除了拍摄角度外，光线对树木的拍摄效果也会产生很大的影响。细心观察可以发现，阳光穿透林间的光线可以使画面形成有趣的光影效果，使阴暗、密集的树林变得通透、明亮起来。在夏天拍摄树林时，运用强烈的阳光穿过树林所获得的独特光线效果，可使画面充满生机与活力，增加画面的空间感，也让树木变得更加立体。

■ 上图，拍摄者站在高处拍摄山脉上的树林，密集的树木包围着山脉，展示出了树木的茂盛。每块区域有着不同的光影效果，突出了画面的层次感。

「光圈: F2.8　曝光: 1/640s　ISO: 200　焦距: 62mm 」

花草

花草满坡，怎样想象都是一幅令人心怡的景色，看到的景象美不胜收，嗅到的香气沁人心脾。

「光圈: F5.6　曝光: 1/400s
ISO: 200　焦距: 48mm」

■ 左图为拍摄者拍摄的漫山遍野的粉色花草。拍摄者采用平视角度拍摄，画面近处地势平坦，浅粉色的花草肆意生长，并无限蔓延开去，给人一望无尽的感受。远处绿山绵延，起伏蜿蜒，给人深远的感觉。整张照片层次感强，和谐自然。

秋叶

光线是拍摄者对摄影作品进行雕琢的刻刀。表现红叶这类色彩鲜明的题材时，光线的运用是关键。光线的微妙变化，可以让树叶表现出完全不同的色彩。随着时间的推移，光线照射角度发生变化，红叶也会呈现出不同的样子。在逆光和透射光的条件下，我们看到的是光线透过叶子的透射光效果，比顺光条件下的树叶更纯粹、更鲜艳、更美丽。

「光圈: F2.8　曝光: 1/50s
ISO: 200　焦距: 180mm」

■ 右图，来自画面左侧的侧逆光，将树叶的透明感展现出来。长焦镜头拉近主体与人物之间的距离，并在浅景深的背景下突出主体。同时侧光还突出了树皮的纹理与质感。

「光圈: F3.5　曝光: 1/640s
ISO: 100　焦距: 50mm」

■ 左图，拍摄者采用俯拍方式展现丛林中的秋叶。大光圈虚化的背景，强调前景中的主体树叶。树叶与背景还形成了色彩差异，更能展现出树叶的形态。将白平衡调整为阴天，突出画面的柔美效果。

丘陵沙漠

丘陵沙漠的反光率比较平均、色调比较一致，用光的选择和色调的表现就显得尤为重要。光线和色调的真实表现可以使景物的结构线条清晰、层次丰富，画面表现富有张力和变化。拍摄丘陵沙漠时，最好选用侧逆光来勾勒景物的线条、轮廓，拉开相同颜色物体的色调反差，形成明暗影调的起伏，并产生投影效果，丰富画面的影调层次，使画面更具立体感。

在日出、日落时刻，太阳光线角度低，色温偏低，色调偏暖，可使丘陵沙漠的色调更丰富，暖色调更为浓重。

「光圈: F8　曝光: 1/125s
ISO: 500　焦距: 153mm」

■ 左图是拍摄者采用逆光拍摄的，沙丘的起伏纵横和影调变化都得到了清晰展现。整个画面色调浓重且层次丰富，具有动人的油画效果，使这一充满诱惑力的大自然景观深深地吸引着观者的目光。

 技术提高

早上9点之前与下午3点之后是沙漠摄影的最佳时段，最能表现起伏连绵的沙漠、沙丘所特有的优美曲线。由于该时间段的光线照度不是很强，沙子表面的反光较小，色温偏暖，有利于产生金沙的效果。同时，沙漠荒丘的纹理与质感也能得到很好的展现。

「光圈: F10　曝光: 1/160s
ISO: 100　焦距: 20mm」

■ 右图为拍摄者拍摄的晴朗天气下的沙漠景观。天空中的云朵清淡幽远，地面的沙漠景观呈现被风吹过的痕迹，沙的纹理表现出色，给人流水般自如伸展的动感。整幅画面极具韵律，节奏轻快自然。

📷 拍摄水景

大海、湖泊、河流都是摄影爱好者喜爱拍摄的题材，可给人以广阔、辽远、平静、奇异、多变的视觉感受。在拍摄水景照片时，最好能给镜头加装一个偏振镜。因为水景和蓝天的颜色基本接近，加装偏振镜以后能将色彩拉开。当天空有云彩时，可以加深天空的颜色，让白云更加突出，为画面营造氛围。光源的位置也是影响水景照片的关键因素。如果拍摄对象正面受光，虽然也能在平静的水面上形成倒影，但不如在逆光中所反映的倒影明显。

大海

拍摄风平浪静的水面时，要尽可能避免采用中心构图。天空与水体在构图的比例上，仍要遵循三分法的黄金分割比例。画面需要有一个主题，但不能只有水体和天空，通常水面上的船、飞行的鸟、天空中的云或者岸边的景物等，都可以作为画面构图的元素。

「光圈：F9　曝光：1/1000s
ISO：200　焦距：20mm」

■ 左图中，形状鲜明的小船和岸上的植物丰富了画面。拍摄者利用明亮的柔光进行拍摄，表现出海滨的闲散惬意，画面生动自然。海天相接，白云淡淡，蓝色的色调更显得海水澄澈、画面清透，好一幅碧海蓝天的美丽画卷！

海岸

拍摄海岸时要注意避免画面空旷，在表现画面空间远大的同时也要注意画面的充实，选择合适的前景往往能使空旷的画面生动起来，如帆船、戏水的人物等。

「光圈：F25　曝光：1/125s
ISO：100　焦距：48mm」

■ 右图为拍摄者捕捉到的奔腾的海浪拍打岸边的画面。照片中的大海无边无际，开放式构图的使用，更使画面显得广阔宏大。高速快门很好地定格了近处的海浪，给人以澎湃汹涌的视觉感受。远处海天相接，连成一线，更使观者产生了对大海的别样情怀。

湖泊

　　湖水面积较大，环湖岸线曲折，取景万般变化，天空也更显旷远，拍得的画面层次丰富，能够得到很好的表现。我们可以利用沿岸参差的树木、枝叶作为前景，丰富画面层次，得到意想不到的效果。此外，在画面下方，选用适当的花草、岸边船舶等作为点缀，不仅可以增加画面色彩对比，空间透视感觉也会大大增强。时机合适，我们还能够捕捉到轻舟的倒影，与荷田莲茎等相互呼应，能得到理想的佳作。

「光圈：F14.0　曝光：1/125s
ISO：100　焦距：20mm 」

■ 左图很好地表现了湖泊的广阔与辽远，拍摄者使用横幅构图，给人以海天相接的感受。相机与水平面持平，获得了平稳的效果，画面稳定、和谐。小光圈使画面中的元素都比较清晰。天气晴空万里，画面的色彩鲜亮、迷人，湖水平静、悠然。天空中飘浮着的几朵白云，给画面增添了几分层次感。远景构图展示出了湖泊的曲线蜿蜒效果。

海浪

　　自古就有乘风破浪济沧海的诗句，在海面上快速飞驰，不仅是体育爱好者的挚爱，而且是一个不容错过的摄影题材。大海蕴藏着巨大的能量，海浪就是这些能量的象征。通过相机设置高速快门记录海浪的运动轨迹，用浪花轨迹展示运动，估计浪花可能出现的地方提前半按快门调好焦距，在没有看到之前就要按下快门，不然可能错过最佳拍摄时机，展现不出海浪的动感形态。在晴天拍摄，拍摄者可在轮船上抓拍海浪。当轮船驶过，海面上会留下汹涌的浪花，与海水在色彩上形成对比。拍摄者可利用高速快门将浪花定格，使层层浪花清晰可见。此时，拍摄者可不断变化拍摄位置，使画面呈现不同的构图，例如X形构图、斜线构图等，使画面极具动感。

「光圈：F9　曝光：1/1000s
ISO：200　焦距：20mm 」

■ 右图为拍摄者抓拍的轮船驶过海面海水汹涌起伏的画面。在轮船巨大动力的影响下，水面剧烈起伏，水花快速奔涌，形成了极具动感的画面效果。

瀑布

拍摄瀑布时，为表现它飞流直下三千尺的效果，应采用稍侧的角度从低处仰拍，不宜过正，以免画面显得呆板。如果想要更好地表现瀑布的动感和水花的时候，可以不将整个瀑布都纳入画面，而是寻找水势湍急的部分进行拍摄，拍摄时要以看清水花为目的。瀑布的水流速度很快，在拍摄时，拍摄者可以采用较高的快门速度凝固瀑布急流的瞬间；或者利用较低的快门速度展现瀑布水流的动感，表现出丝绸般的视觉效果。

「光圈: F29　曝光: 1s
ISO: 100　焦距: 38mm」

■ 左图是拍摄者以正面角度从低处仰拍的，低速快门捕捉到了轻纱一般朦胧的雾状水流。流水轻盈飘逸、飞流直下，别有一番情趣，使画面有着如仙境般的诗情画意。

■ 右图，瀑布低处的小溪的色彩是白色的，画面中的石头突出拍摄环境，溪水从山谷中流出，缓缓的流水衬托出山谷的宁静。拍摄者用低速快门拍出丝滑般水流，似乎流水在这里凝固了一般，给人一种柔顺的感觉。
「光圈: F4.0　曝光: 1/4s
ISO: 100　焦距: 62mm」

■ 左图为拍摄者采用竖画幅构图方式，展现出飞流直下的湍急瀑布。低速快门使瀑布极具动感，而且飘逸灵动。作为前景纳入画面，岩石更凸显了水流奔腾而下的气势。
「光圈: F13　曝光: 1/15s　ISO: 100　焦距: 50mm」

 技术提高

拍摄水流景色时，要注意观察水流的走势和方向决定构图。如果是拍摄垂直瀑布这种从上而下流动的水势，可以采用竖画幅构图，能让画面更紧凑，若采用横画幅，则会展示出瀑布的宽广性。如果拍摄的小溪是由左至右或由右至左在流动，可以采用横画幅构图，使得画面悠长。

📷 拍摄雪景

拍摄雪景时，要注意背景的选择。雪景的特点是反光极强，亮度极高，如与暗处的景物相比，能使画面明暗对比强烈。此时拍摄要特别注意曝光，若曝光过度，画面就会呈现一片死白；若曝光不足，就不能表现出雪的洁白。采用滤镜可适当改善画面反差小的情况。

白雪覆盖

洁白无瑕、晶莹剔透的雪景一向是摄影爱好者们喜爱的题材。晶莹素洁的白雪不仅能够一扫冬日的荒凉，而且能为寒冬大地增添许多韵致。拍摄积雪时有几点需要注意，如天气、光线和拍摄角度等，以表现出雪洁白轻盈的特点。

「光圈: F8 曝光: 1/125s
ISO: 200 焦距: 6mm」

■ 左图拍摄者向观者展现了一幅银装素裹的北国风情画面。整张照片洁白宁静，又富于层次变化和明暗对比，不显死板单一。画面远景丰富，树木的形态艺术感强，与近处的杂草形成高低对比，使画面显得愈发宽广辽阔。

雪后初晴

雪后初霁的阳光是最明媚澄澈的。一片银装素裹中的冬日暖阳不仅能够照亮画面，更能温暖人心。万里白雪，艳阳高照，分外妖娆的一片景象。

 技术提高

在雪地里，周围的环境光、色往往使得相机的自动白平衡功能并不十分准确，这时可利用手动调整色温或设置预设白平衡，以使所拍的雪景画面的色彩真实还原。

■ 右图，当太阳光线强烈时，拍摄者近距离拍摄积雪的地面，在侧光作用下，地面出现了明显的树影，增强了雪景的明暗层次，更加凸显了雪后阳光的美好。

「光圈: F2.8 曝光: 1/320s ISO: 200 焦距: 70mm」

树挂

　　冬季，冰天雪地，所有的景物在雪的覆盖下呈现出一片宁静、纯洁的景象。大雪纷飞，为光秃秃的树枝带来了晶莹剔透的效果。树枝是冰雪世界中拍摄的绝好被摄体，其独特的形态为观者带来了另一番视觉效果，是拍摄者眼中不可多得的拍摄题材。

　　冬季壮美的雾凇奇观总能令人惊叹不已。雾凇也叫"树挂"，是由冬季时空气中过于饱和的水气遇冷凝结而成的。洁白无瑕的雾凇可给人纯净高雅之感。

■ 右图为拍摄者拍摄的树挂。洁白晶莹的霜花缀满枝头，在阳光的照耀下，银光闪烁，如诗如画，为我们展现了一幅银妆素裹、玉树琼花的景象。

「光圈：F10　曝光：1/320s　ISO：100　焦距：100mm」

 技术提高

用逆光拍摄珍珠般闪光的冰霜效果最好，但这也会给曝光造成困难。在这种情况下，建议拍摄者开大一级光圈，以便表现出阴影部分的层次感。

冰

　　冰柱、冰晶或如玉菊怒放，或似雪莲盛开，晶莹剔透，是不可错过的拍摄题材。拍摄冰块，拍摄者应注意光线的选择，采用侧光和逆光所拍摄出来的冰雪能够展示出其透明感。还要注意控制好曝光。

「光圈：F18　曝光：1/60s
ISO：100　焦距：70mm」

■ 左图拍摄者为我们展现了一个冰雕玉砌的世界，清冽美丽。冰晶洁白耀眼、晶莹剔透，给人巧夺天工之感。一缕阳光照射在晶莹的冰柱上，折射出无尽的光芒，更显得洁净清透，如水晶般纯净无瑕。

拍摄云海日落

雾气笼罩的风光作品比起阳光明媚的作品多了一份朦胧美，别有一番风味。云雾不但能增强画面的美感，使画面均衡，而且可利用不同形象的云雾表现不同的季节、气候与天气，使画面生动，在这种情况下能够拍出具有艺术性、高质量的风光照片。

云

变幻莫测的云彩是大自然赋予摄影爱好者的奇妙礼物。仰望天空，我们能够发现每一片云彩都有独特之处。随着时间和季节的变化，云彩会呈现出不同的色彩和姿态，如从形状方面划分，就有积云、絮云、丝云、卷云、鱼鳞云等。

「光圈：F8　曝光：1/80s
ISO：800　焦距：24mm」

■ 左图中，蓝天、云朵、随风飘扬的蒿草，形成了一幅清新高远的画面。画面中天气晴朗、光线充足，洁白明亮的云朵呈现自然流动的形态，舒展自如，在湛蓝天空的映衬下更显得变化莫测，仿佛会随风瞬间变幻，肆意流动。加之蒿草的随风轻摆，更为画面营造了动感，效果极佳。

霞

黎明的红日、色彩绚丽多变的朝霞，不仅使画面色彩动人，而且使人心情舒畅。旭日初升，朝霞满天的优美景色也是摄影爱好者们可遇而不可求的绝佳拍摄题材。

「光圈：F4.5　曝光：1/80s
ISO：200　焦距：70mm」

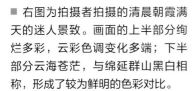

■ 右图为拍摄者拍摄的清晨朝霞满天的迷人景致。画面的上半部分绚烂多彩，云彩色调变化多端；下半部分云海苍茫，与绵延群山黑白相称，形成了较为鲜明的色彩对比。

雾

　　雾由许多细小的水滴形成，能反射大量的散射光。距离越远，散射光越多，色调越明亮，远处的景物越发模糊。柔和的雾能够掩盖杂乱无章的背景，简练地勾画出画面中的主体形象，加强空间的纵深感，从而提高画面的表现力。

「光圈：F10　曝光：1/1.7s
ISO：200　焦距：120mm」

■ 左图为拍摄者拍摄的山间云雾缭绕的画面。浓雾中的山体轮廓清晰，乌青色的山脉呈现坚实的质感，硬朗的形态特征展现到位。开放式构图的采用呈现了山脉的绵延不绝和起伏变化，远近虚实的对比明显，给人以强烈的空间感。画面柔和细腻，硬朗中别有柔情。

　　拍摄雾景时应注意以下几点：

　　1 雾景光亮度很高，正确控制曝光量才能避免曝光过度；

　　2 雾景反差小，选择低感光度进行拍摄，才能获得细腻的影调和丰富的层次。高端数码相机一般都有多档锐度设置，应该将锐度值调高。条件允许的话，最好使用RAW格式拍摄，以便后期处理；

　　3 构图时，应尽量利用远景、中景、近景的景物来营造画面的纵深感。前景和中景应选取暗色调的景物；

　　4 浓雾时不宜进行拍摄，因为浓雾能见度低，除前景外，中景和远景都无法呈现。但是，如果配合黄色滤镜或橙色滤镜，就可减弱浓雾效果。

　　如果想增强雾的效果，可加用蓝色滤镜或雾镜。雾镜分一号、二号，可获得不同浓度的雾化效果。

「光圈：F5.6　曝光：1/125s
ISO：200　焦距：70mm」

■ 右图为拍摄者拍摄的清晨云雾下的草原丛林景观。远处的景观被雾笼罩，轮廓模糊；中景和近景的树木灌丛和起伏不定的地势都得到清晰呈现，画面层次分明，色调明快、丰富多变，给观者以早晨特有的清新感受。

日出

日出东方是很有魅力的瞬间，根据不同的季节、天气、拍摄地点、当日的天空状态，可以拍摄出不同风格的日出，呈现多种形态的美。我们需要充足的准备和熟练的技巧才能记录这动人心弦的日出景象。

「光圈：F10　曝光：1/100s
ISO：200　焦距：32mm」

■ 左图拍摄者为我们呈现了日出东方的美丽画面。旭日东升，霞光耀眼，逆光下的画面层次丰富。绝佳的色温，奇妙的光晕效果，使整张照片被温暖浪漫的氛围所笼罩，极具美感。无论是拍摄者还是观者都会为这美丽的景色而动容。

日落

夕阳唱晚的景象以其浓浓的颜色和淡淡的温度深受拍摄者喜爱。画面的艺术感染力强，日落时的太阳与景物能够为我们呈现一幅和谐美妙的画面。

「光圈：F2.2　曝光：1/80s
ISO：200　焦距：50mm」

■ 右图为拍摄者拍摄的一幅层次丰富的优美画面。照片中，夕阳西下，云霞色彩绚丽，极为动人。

 **技术提高**

拍摄日出和日落时，首先要注意了解太阳在天空所处的位置。一般来说，拍摄日出、日落时要在太阳刚刚升起或即将落下山脊（海平面）的时候按下快门。另外，此时太阳呈鹅蛋黄色，颜色最为漂亮，等太阳完全升起或落下，天空也就变成一片白或黑，原来红色的氛围就会消失殆尽。

拍摄夜景

　　每当华灯璀璨的夜幕降临，美丽的夜景总会使人流连忘返，夜景是极具魅力的，此时按下快门留影也是人生一大快事。夜景摄影主要是指在夜间拍摄室外灯光或自然光下的景物，利用被摄体和周围环境中原有的灯光、火光、月光等作为主要光源，对自然景物、建筑物以及人的活动所构成的画面进行拍摄。由于是在夜晚进行拍摄的，因此往往会受到某些客观条件的限制而导致拍摄困难，如光线不足，大多数数码相机拍摄的夜景"作品"与肉眼实际看到的画面相去甚远，但夜景摄影以其独特的效果和迷幻的风格仍旧深深吸引着我们。

华灯初上

　　随着城市的发展，城市的夜晚变得越来越迷人。夜幕刚刚降临的城市华灯初上，夜色撩人，很多人都希望用相机把这迷人夜色记录下来。

「光圈: F5.6　曝光: 1/25s　ISO: 200　焦距: 120mm」

■ 右图拍摄者为我们呈现了一幅美轮美奂的江边夜景图。竖幅构图的采用使画面更富有张力，拔地而起的摩天大楼在漆黑的夜晚灯火通明，霓虹闪耀，配合右侧鲜艳的巨大荧光广告牌，更加吸引观者的视线，凸显了城市夜景的美丽与动人。华灯初上，夜幕更富迷幻色彩。被灯光照射得通红的水面，使画面多了一分浪漫。

流光溢彩

　　在现代都市中，当夜幕降临时，五颜六色的灯光映衬着静谧的夜色，与高楼、街道共同构成了一幅幅浪漫的画面。此时，我们可以拍摄出灯火辉煌，流光溢彩的照片。

「光圈: F4.5　曝光: 1/2.5s
ISO: 100　焦距: 34mm」

■ 左图展现了都市夜景的繁华。长曝光形成的独特的星芒效果使灯光璀璨夺目、明亮清晰。河面上的倒影与岸上明亮的建筑交相辉映，给人华灯初上的别样美感。灯光光晕弥散，流光溢彩，闪耀亮眼。

湖光夜色

拍摄夜景时的曝光时间，应视现场亮度的不同而变化。一般情况下，即使画面十分明亮，也应做较长时间的曝光，可试着多拍几张，但也不能过长，以免灯光形成过多的光晕，降低画面清晰度，影响色彩和美感，甚至造成景物过亮而丧失夜晚的气氛。最好是以仅能清晰地表现景物轮廓为度。

[光圈：F7.1　曝光：1/20s
ISO：100　焦距：24mm]

■ 右图为拍摄者拍摄的依水而建的江南小楼。一明一暗的建筑和水中的倒影，都营造出强烈的光影效果，使漆黑的夜晚变得多彩动人，美不胜收，也给人温馨的感受，这种氛围营造出了灯光下夜晚的幽静。

暗夜明灯

我们往往会因为灯光、时间和氛围等因素而选择在昏暗的酒吧或街道等弱光环境中进行创作。在拍摄过程中，我们应着重注意画面主体，在取景时避免纳入过多杂物，从而形成明确的构图，利用夜晚灯光柔和的色调展现唯美的弱光场景。

[光圈：F16　曝光：1/90s
ISO：200　焦距：60mm]

■ 左图拍摄者有意识地选取砖墙作为背景，衬托明亮的路灯，画面简洁、宁静，营造出夜晚特有的宁静氛围，别有韵味。

技术提高

在拍摄夜景时，由于光线不好，自动对焦的效果比较差，所以拍摄者在拍摄景时可以开启相机的实时取景功能，配合手动对焦选择相应的对焦范围，使被摄体清晰成像。

灯火通明

　　拍摄城市夜景时，主要表现的是夜晚的气氛，摄取的只是景物的轮廓而不是细节。一到夜晚，闪烁着的霓虹灯、整齐排布的街灯、道路上的车灯，以及房间窗口透出的灯光等，五颜六色，灯火辉煌。在灯光下，一切都变得十分美丽，给拍摄者和观者带来更多的情趣。

「光圈：F8　曝光：1/13s
ISO：100　焦距：24mm」

■ 左图画面展现了灯火通明有如白昼般的夜景，明亮多彩。多座高楼建筑随着山势变化起伏错落，凸显了夜的繁华与魅力，绚烂多姿。

火树银花

　　每逢重大节日，天空中总会出现烟花的身影。漫天的烟花和星空交相辉映，姹紫嫣红，让人陶醉不已。烟花绚烂，却只是在绽放的那一瞬间。记录下这样短暂的美丽，是许多拍摄者的愿望。抓拍绽放的焰火也是夜景摄影的主要拍摄题材之一。烟花就像黑暗中闪亮发光的宝石，或是夜景摄影中不能欠缺的被摄体。烟花本身就是一个发光源，它所产生的多彩火花与夜色形成鲜明的明暗对比，从而突出烟花的存在感。

　　要得到华丽的烟花夜景，拍摄者要备好三脚架和快门线。确定好拍摄的位置后，把相机设定为最低感光度，光圈基本控制在F8～F16，快门速度为bulb模式（B门）。为准确抓拍到焰火绽放的一瞬间，拍摄者可使用手动对焦进行拍摄，以免相机在短时间内无法自动对焦。

「光圈：F8　曝光：1/2s
ISO：100　焦距：135mm」

■ 左图是拍摄者手动设置光圈和快门值拍摄的。最佳光圈和低速快门的配合运用，使画面中的灿烂烟花饱满清晰，可谓火树银花不夜天。三脚架的使用，有效避免了手抖，清晰地记录下了烟花绽放的轨迹。多重曝光的使用使两朵璀璨绽放的烟花形态清晰地出现在画面中，烟花烂漫，相印生辉。

Chapter
13 人像题材

人像题材摄影是以静态或动态的人物为被摄对象，着重描绘其外在容貌和内在精神面貌，从而直接表现人物的一种摄影。不同的构图方式及拍摄方法能带来不同的画面效果。

[光圈：F2.8　曝光：1/1250s　ISO：100　焦距：80mm]

人像景别

　　自从摄影艺术诞生至今，人像摄影题材一直都是摄影艺术中常拍常新的课题，而拍摄人像的关键就在于"形神兼备"。"神"即作品所表现的人物特有的神韵与精神，"形"即拍摄者通过对被摄体的取景与构图得到的人物形态特征。"形神兼备"才能使照片中的人物看起来比真实的被摄者更美、更生动。

全身人像

　　拍摄全身人像照时，我们需要将模特由头到脚都纳入到画面里去，此时背景的处理就变得相当重要。所以，我们在选择背景时应选取一些较为简单、色调对比较强烈的背景，从而使主体更为突出，增强照片的美感，彰显照片的主题。

「光圈: F4　曝光: 1/125s
ISO: 250　焦距: 32mm」

■ 上图为拍摄者于下午时分拍摄的模特的全身照片。竖幅构图使模特显得身材修长，更为妩媚。画面光线较弱，使模特显得更为娇弱动人。

「光圈: F4　曝光: 1/100s
ISO: 400　焦距: 35mm」

■ 左图拍摄者采用竖幅构图，为观者呈现了一幅漂亮而略带一点背景的人像全身照。站在满墙绿色植物前的女生身材高挑，明艳动人。人物主体在碧绿背景中格外凸显，美女的形态清晰可感，可谓一幅十分养眼的美女照片。

大半身人像

　　大半身人像画面以人像为主，构图框上边缘距人像头部顶端约20cm左右（以人像实际高度计算），在构图框下边缘则与人像膝盖上下约10cm左右的部分切齐。以此构图法拍摄出来的照片效果大都较为理想，很多摄影爱好者和被摄者都喜爱这一构图方式。

「光圈：F2.8　曝光：1/160s
ISO：100　焦距：110mm」

 技术提高

根据拍摄需要，我们应该随时调节相机高度，使拍摄更为便利。
拍摄半身人像的时候，相机的高度约与被摄者鼻子的高度相等；拍大半身照片时，相机机位约在被摄者的胸部高度；拍摄全身照时，相机的高度应该在被摄者的腰部高度。

■ 上图为拍摄者拍摄的大半身人像。画面中高光与阴影并存，拍摄者选择画面的中心作为测光点并进行拍摄，使画面曝光准确，影调适中。人物白皙肌肤的娇嫩质感得到完美呈现，宛如降落丛林的仙女。

「光圈：F4　曝光：1/100s
ISO：1000　焦距：50mm」

■ 右图为拍摄者拍摄的大半身摆拍人像。当模特摆出造型后，拍摄者快速按下快门，定格了人像的姿态，效果较好。

半身人像

　　人物微妙的眼神与画面的氛围是拍摄半身人像所要捕捉的重点。只有抓住决定性的瞬间，正确判断光线的来源、颜色，才能定格清晰生动的半身人像。

「光圈：F1.4　曝光：1/160s
ISO：400　焦距：85mm」

■ 右图表现的是婚礼现场的儿童。拍摄者采用半身人像的构图方法，使穿着合身西服的儿童竟像大人一般，得体帅气。纯白色的衣服与橘色的背景色彩对比鲜明，突出展现了人物主体，十分抢眼，儿童稚嫩可爱的面庞得到清晰呈现。

■ 上图为温和日光下的半身人像。人物明亮的发色和纯白的衣着色调明快，画面和谐自然。柔和的光线，更使人物显得光彩照人、亲切可感。

「光圈：F2　曝光：1/1600s　ISO：200　焦距：50mm」

 技术提高

　　半身人像可以很好地表现模特的身体曲线，无论是从模特身体的正面还是侧面进行拍摄，都能够很好地表现出模特优雅的身姿。

特写人像

特写人像是人像题材摄影中最直接、最易于掌握的，它能够用直白的方式表现出人物面庞的美，并使画面简单、鲜明、直观，富有较强的视觉冲击力。

「光圈: F4　曝光: 1/8s
ISO: 2000　焦距: 55mm」

 **技术提高**

最直观的人像特写拍摄方法就是将相机靠近模特，使人物面部充满画面。在画面中可以预留一部分区域用作构图的空间，但不要纳入过多人物颈部以下的身体躯干，抓取模特最精彩的神态按下快门。

■ 上图为拍摄者采用黑白色调拍摄的人物面部特写，画面具有怀旧复古的感觉。虽然只有黑白灰三色构成画面，但人物的面庞和手臂轮廓清晰，层次明了。女子半遮着脸，眉眼俊美，发丝清晰，极具美感。

「光圈: F3.2　曝光: 1/125s
ISO: 125　焦距: 200mm」

■ 右图为拍摄者近距离拍摄的特写人像。整个画面均匀曝光，整体的白色色调显得纯洁、自然，画面显得格外清新。人物表情温柔平和，神情悠然自得，不失为最美的瞬间。

抓拍与摆拍

人物摄影的拍摄，不外乎摆拍、抓拍和摆抓结合三种方式。三种方法各有特点，但又互相联系，互相配合，是人物摄影不可缺少的拍摄方法。掌握更多人像摄影的拍摄方式能够帮助我们拍摄出更加精彩的人像作品。

抓拍抢拍

抓拍抢拍即在整个摄影过程中，被摄者全然不知有人在为自己拍照，由拍摄者直接摄取人物活动中典型而生动的瞬间。因此也可称为主体不知的拍摄方式。采用此方式拍摄的画面，虽构图、用光也许不尽如人意，但被摄者却处于无拘无束的状态，神情举止十分自然。

「光圈：F5　曝光：1/125s
ISO：800　焦距：105mm」

■ 左图为拍摄者抓拍的一起玩耍嬉闹的儿童。多个被摄体都得到清晰展现，表情神态自然。

抓拍极具动感的场景

抓拍动感十足的场景，需要拍摄者具有丰富的拍摄经验和敏锐的眼力。在转瞬即逝的人物活动中，抓取被摄者最典型、最完美的时刻，及时按下快门，定格美好的瞬间。

「光圈：F4　曝光：1/1000s
ISO：100　焦距：60mm」

■ 左图拍摄者人物在沙滩奔跑的状态。海浪敲打着海岸，与人物自由奔跑形成了交相呼应，图片右侧保留空白，正好为人物奔跑指引了方向，使得画面构图和谐。人物一边奔跑，一边嬉笑，开心无比。画面活泼生动，动感十足。

摆拍

摆拍即在整个拍摄过程中，被摄者始终知道有人在为自己拍照，从而使拍摄者有较为充分的时间，在做好拍摄准备并对被摄者加以安排后完成拍摄。因此，这种拍摄方式也称为主体全知的拍摄方式，多用来拍摄肖像照、团体照、纪念照、广告照等。在特意摆拍的过程中，拍摄者应多方设法，使被摄者思想放松，以便配合拍摄。

「光圈: F2.8　曝光: 1/160s
ISO: 100　焦距: 102mm」

■ 右图为摆拍的半身人像。由于是在光线充足的室外拍摄的，人物获得了足够的光亮，肌肤显得白皙诱人。画质细腻，如油画般动人。

摆拍与抓拍结合

抓拍与摆拍相结合，即在整个摄影过程中，虽然被摄者知道有人在为自己拍照，但并不知晓确切的拍摄时间，被摄者的注意力并未被拍摄者转移，从而使拍摄者有一定的时间，选择最佳角度和光线，并经过较小范围的调整，在适当时间按下快门。这种拍摄方式兼具摆拍和抓拍二者的长处，也可叫做主体半知的拍摄方式。

「光圈: F2.2　曝光: 1/80s
ISO: 640　焦距: 50mm」

■ 右图被摄者趴在书桌前，一脸专注与思考的表情，神态表现到位。模特在镜头前摆好造型，拍摄者抓拍其最美的神态，摆抓结合，效果优秀。在简洁背景的衬托下人物更为突出。

闪光摄影

　　人像闪光摄影即以闪光灯作为光源之一进行拍摄，使用多种闪光功能，单灯或多灯配合，以得到相对完美的布光效果，拍摄出令人满意的人像作品。闪光灯的使用可以使弱光环境下的背景和被摄者都得到充分曝光，人物主体更为清晰动人，创造出别样的画面氛围，让整幅作品更有韵味。

「光圈：F4.5 曝光：1/30s
ISO：800 焦距：30mm」

■ 左图是在影棚内拍摄的。闪光灯下，白墙背景上的阴影与人物柔嫩的皮肤形成对比，光影效果明显。女孩动作温柔可爱，神情展现到位，主体鲜明，形象清晰可感。画质细腻清晰，很好地还原了女孩的真实面貌。

 技术提高

拍摄彩色人像时，如果将闪光灯直接对准较暗处的被摄者，由于当时被摄者眼睛的瞳孔开得较大，就会产生红眼现象。若采用侧位或间接闪光，则可避免这种现象。

「光圈：F1.7 曝光：1/40s
ISO：400 焦距：50mm」

■ 右图中，闪光灯的使用增强了被摄者面部的立体感，细致地表现了模特的脸部细节。使用外接闪光灯的同时，在两侧也放置了闪光灯，起到了补光的作用，使画面更为细腻、完美。

📷 人像情景小品

不同情景小品的人像摄影有着不一样的风格，这些风格往往能够给人不同的画面感受和视觉效果。在主题人像摄影中，除了围绕主题展开创作之外，构图与用光也非常重要。拍摄者会根据所要表达的画面情感选择各种构图，并结合光线来完善画面效果。另外，拍摄者仍然会使用一些道具来提升主题人像的创作理念，为表达主题增色。

田园草地人像

在田园或草地上进行拍摄，绿油油的背景给人如沐春风的感受，也让人感到与自然无限亲近和放松的状态。人物可以坐着、蹲着、躺着、趴着，各种姿势随意变换，而这些摆姿又会使画面形成不同的构图形式，这样拍摄者自由发挥的空间也就相应增大了。

在拍摄时应注意把握拍摄角度，例如，在拍摄趴在草地上的人物时，拍摄者可以采用较低的拍摄角度，利用大光圈突出人物主体，将人物置于画面的前景，同时还要注意利用人物身体构成的曲线进行构图。如果是站姿人像，可以利用半身人像或特写人像的构图方法，展现人与自然亲近的动作，还要善于利用人物的手部变化传达情绪，利用人物的面部表情来渲染画面气氛，烘托主题。

田园风格式的人像，可采用散射光、直射光等为人物照射。散射光属于软光，会使所拍的田园风格人像显得柔和，给人一种舒服的感觉。而直射光线下的田园风光人像，易于使画面产生一种青春活力的感觉。如果在傍晚拍摄田园风光人像，还可利用逆光在人物周围形成的轮廓光来勾勒轮廓线条，利用补光工具来提升面部亮度，使人物面部正确曝光。

■ 上图，人物位于画面三等分线上，强调主体。柔和的散射光使人物的肤色自然、红润。油菜花的色彩饱和度高，画面色彩真实。〔光圈：F2.8　曝光：1/640s　ISO：100　焦距：90mm〕

■ 右图中的人物蹲坐在田野之中，前后被虚化的景色，着实突出了位于画面中心位置的人物主体。没有强烈光线照射，柔和的软光使得模特脸部没有阴影，展现出一幅甜美的田园风光人像。〔光圈：F2.8　曝光：1/250s　ISO：100　焦距：185mm〕

快乐儿童照

用相机来记录孩子的成长是种不错的选择，每个年龄段的孩子都有属于自己的相册。多年后，拿出相册回想儿时记忆，没准会有意外的收获。拍摄儿童写真除了要注意服饰与背景之间的色彩搭配，还应注意变换拍摄距离、选择不同拍摄方向，这样可使照片更有观赏性，而且能够展现出他们不同的性格和心理活动。

1. 变换距离拍摄

同一场景，通过改变拍摄距离可获得不同的画面，就像电影一样，要进行多角度、多时间段、多场景间的切换，才能使影片内容更多元素化，情感表达才能更生动自然、更贴近生活。所以在为孩子拍照时，也要注意采取距离上的变化。比如，您可以按照基本的特写、半身、全身区分分别进行拍摄。或是近到有些自然的变化，或是远到融入拍摄环境之中皆可。

「光圈: F2.8　曝光: 1/260s　ISO: 100　焦距: 26mm」

■ 右图，拍摄者采用近景拍摄儿童全身照，对焦儿童使主体清晰成像。拍摄者可以提前指导儿童摆拍动作，表现出儿童的酷帅感。

2. 选择不同的方向拍摄

大多数家长在为孩子拍摄时，总是习惯性地只拍孩子的正面而完全忽视对侧面或背面的表现。拍摄孩子侧面照片，会增添画面的活力和趣味。所以，当您在为孩子拍照时，不要拘泥于正面，而应从侧面、大侧面甚至背面等进行多方向拍摄。

「光圈: F2.8　曝光: 1/400s
ISO: 100　焦距: 78mm」

■ 左图，拍摄者拍摄儿童侧身。儿童与毛绒玩具相互对望，两者之间形成了对角线构图，增强了画面的趣味性。同时处于黄金分割线上的儿童与毛绒玩具具有平衡画面的作用。

Chapter
14 花卉动物题材

在摄影艺术中，花卉、动物摄影已成为一个单独的门类。鲜明的主题、完美的用光、简洁的构图、和谐的色调，有了这四个要素才能得到一幅优秀的花卉、动物摄影作品。

「光圈：F5.6　曝光：1/100s　ISO：100　焦距：150mm」

花的形态

　　花卉摄影不同于其他风景摄影，只要我们对周围的花草进行认真细致的观察，就会发现取之不尽、用之不竭的题材。无论是在田野，还是公园郊外，都有许多美丽的花朵等待我们去仔细挖掘。春日风情是花卉摄影最常见的题材，拍摄者可以在春暖花开之际，尽情展现花朵的美丽与生机。

含苞

　　拍摄娇嫩的花苞时，既要注意表现花蕾的质感，也要注意表现花蕾的色彩。在构图时应对画面进行取舍，并运用留白等方法表现花苞含苞待放的美。

「光圈: F5.6　曝光: 1/60s
ISO: 400　焦距: 250mm」

■ 左图为拍摄者拍摄的含苞待放的荷花。画面整体呈现冷色调，粉绿的花苞在画面中十分突出，犹如报春使者，给人以勃勃生机与活力。照片画质细腻，虚实结合，于对比中彰显美感。

花朵

　　近距离拍摄盛开的鲜花可使主体花卉更为突出，自然生动，带给观者极致的视觉体验。

「光圈: F11　曝光: 1/10s
ISO: 100　焦距: 200mm」

■ 右图花朵最动人的地方是花蕊，但是花蕊非常细小浓密，容易受到风甚至呼吸的影响。拍摄者采用了手动对焦，清晰定格了花蕊的细腻和花瓣的美好。画面清晰度高，红艳的花朵显得娇嫩优美。

Chapter 14

花蕊

　　花蕊虽然微小，但是其形态同样优美。要想得到花蕊的照片，需要使用微距镜头或者长焦镜头。在重点表现花蕊的同时，视花蕊的走向进行构图。

「光圈：F2.8　曝光：1/200s
ISO：100　焦距：60mm」

■ 左图，微距镜头展示出无法用肉眼看到的花蕊细节，而且花瓣上的纹理也清晰地呈现出来。

 技术提高

不同的花卉植物有着不同的特点，菊之缤纷、荷之高洁、兰之幽婉，都美不胜收。良好的虚实对比，可以使画面更为均衡，主体得到突出。

花丛

　　拍摄一簇花丛时，花朵随意地分布，每一个个体都不相同，加之花丛的枝叶、周围环境等，画面往往会显得杂乱无章，让人无从下手。此时布局构图就显得尤为重要，对局部的花朵进行取舍才能拍得主体突出的画面。

「光圈：F2.8　曝光：1/160s
ISO：100　焦距：80mm」

■ 右图是花丛的局部，红色、粉色、紫色的花朵在颜色上相互映衬，使画面具有形式美。平拍表现出色彩浓郁的郁金香。

花的种类

武汉的樱花、洛阳的牡丹、江西婺源遍野的油菜花，无一不是人们的向往。花海以绚灿的色彩吸引着摄影爱好者，拍摄时可以通过巧用拍摄环境、创造性的构图、逆光或侧光等，向观者展现争奇斗艳的花卉之美。

向日葵

向日葵是拍摄者在日常生活中常见的植物，向日葵艳丽的花朵为秋日增加了缤纷的色彩。一般，拍摄者可以采用远景、中景、近景拍摄向日葵，也可以拉近镜头，拍摄向日葵的特写，采用三分法、九宫格、开放式构图等展现主体，凸显主体的存在感。同时，在光线处理方面，可以采用日光模式进行拍摄，尽量表现出向日葵自然的光感。

「光圈: F4 曝光: 1/80s
ISO: 100 焦距: 7mm」

■ 左图拍摄者使用大光圈拉大前后景的透视关系，给人一种很广阔的感觉，增强了画面的冲击力。照片中光线明亮，将花瓣的色彩完全展现出来，轻快的明黄色一下子使这朵向日葵跳出虚化的背景，在观者眼前尽情绽放。花瓣片片分明，花蕊的展现细致入微，它的美震慑心扉。

油菜花

在拍摄花田时，构图是应该着重注意的一个问题。在拍摄大面积单色调的花卉时，如果构图控制不好，会使画面显得呆板，此时就应在画面中适当地添加一些视觉元素来丰富画面。如拍摄油菜花田时，可以花田为前景，以天空或建筑为背景，这样拍出的照片色彩和内容就不会单调，整体效果也会得到很好的呈现。

「光圈: F3.8 曝光: 1/125s
ISO: 100 焦距: 38mm」

■ 右图，拍摄者用尼康微单相机拍摄油菜花，近景、远景都成像清晰，并且画面有层次感。远景中的山脉在晨雾的笼罩下，显得格外迷人。

梅花

花枝一脉，香蕊压枝，是梅花在视觉形态上的一个明显特点。换句话说，梅花是花不离枝，枝干映花的。所以，拍摄梅花时要注意适当纳入花枝，以将梅花衬托得更为美丽。梅树的枝干玲珑苍劲，极有质感，与梅花在色彩上有着强烈的对比。大多数花朵是靠绿叶的衬托才更显娇艳的，而梅花在古朴强健的枝干的相衬下才更显脱俗。

「光圈：F5.6　曝光：1/100s
ISO：200　焦距：18mm」

■ 左图拍摄者向我们展现了枝头一朵盛开的梅花。画面中树枝弯曲遒劲，花小而娇艳，色彩搭配相当舒适，配合照片中的大面积留白，玫红色的花朵格外突出，仿佛有一缕梅香飘出画面，清幽淡雅。娇小的花朵让我们感受到了自然的美和生活的情趣。

菊花

菊有百态，摄无常规。不同品种亮点迥异，各有特点。有的靠艳丽色彩取胜，有的靠曼妙多姿示美，有的靠线条曲直引人驻足，有的清新飘逸饶有意境。拍摄菊花时，构图要忌乱求简，去多求精，否则会陷入主次不明、画面语言混乱的困境。菊花是花团锦簇、花朵较密集的花卉，拍摄时较宜采用开放式构图。

「光圈：F2.8　曝光：1/800s
ISO：100　焦距：100mm」

■ 右图为拍摄者采用大光圈拍摄的秋日菊花。虚化的深色背景与花朵色彩反差明显，不但不影响主题的突出，而且营造了舒缓静谧的氛围，较好地表现了菊花的明艳与美丽。

 技术提高

一般来说，拍摄菊花时可以稍微欠曝，以保证细节。晴天拍摄时可多用侧光或侧逆光勾勒菊花的姿态；阴天拍摄时可用点测光模式，以使菊花主体正确曝光，同时压暗背景，形成富有对比的画面。

荷花

　　对于摄影爱好者来说，荷花是永恒的拍摄题材。与一般花卉相比，荷花确有独特之美，无论是花、叶、蕾还是茎都有独特的韵味，甚至连荷塘中的残枝败叶都会给人独特的美感。

「光圈: F2.8
曝光: 1/2500s
ISO: 200
焦距: 200mm」

■ 左图拍摄者为我们展现了日光下盛开的荷花。在荷叶的映衬下，荷花显得美丽而又清高。花瓣的质感得到很好的表现，立体感强，凸显了荷花玉洁冰清的高贵气质。

「光圈: F2.8
曝光: 1/1250s
ISO: 200
焦距: 200mm」

■ 右图荷花显得洁净娇艳，不染纤尘。柔和细致的光线反差，把花卉的纹理和质感表现得细腻到位。花朵与背景的色彩对比清晰，勾画出花朵轮廓，使质地薄嫩的花卉显得透亮动人。简洁单一的背景起到了很好的衬托作用，展现了荷花动人的姿态。

动物世界

在拍摄行动敏捷，且不受拍摄者意志控制的动物时，拍摄者需要像拍摄体育运动一样反应迅速。因为拍摄时往往需要跟随动物移动，所以应尽可能选择轻便的器材。光线的朝向对于展现动物的魅力也非常重要，拍摄者应该观察周围情况，迅速决定拍摄位置进行拍摄。

拍摄宠物

拍摄那些毛发蓬松的宠物时，如果想要展现它们的魅力，就应该着重表现它们毛发的质感。此时适宜选用逆光或半逆光。一般情况下，多采用评价测光模式。在强逆光的情况下，也可采用局部测光或者点测光。将ISO感光度设置为自动，就能自如应对光线的急剧变化。

在室外拍摄宠物，应为宠物提供一个宽阔的运动玩耍空间。拍出漂亮的宠物照片，关键是要抓住它们的个性。其次，选择合适的背景也是表现可爱小动物的重要因素。例如，简洁的背景有助于宠物主体的突出。当发现小动物在做某种不同寻常或非常有趣的动作时，如果能使画面背景与拍摄主体相互呼应，则会产生更美的画面感觉。

「光圈: F5.6 曝光: 1/640s
ISO: 400 焦距: 120mm」

■ 左图为沐浴着阳光的两只宠物。宠物天真无邪的悠闲神态透着可爱与慵懒，柔软蓬松的绒毛闪现着明亮的光泽，质感很好。拍摄者捕捉到了宠物们最自然的场景，成就了一张优秀的宠物摄影作品。

「光圈: F2.8 曝光: 1/100s
ISO: 100 焦距: 90mm」

■ 右图，拍摄者利用背景鲜艳的色彩来突出小狗，并使用F2.8大光圈虚化背景，使小狗更加醒目。小狗蹲坐在篮筐中，好像在思考着什么，给人更多的遐想。

拍摄鸟类

　　拍摄鸟类时，由于鸟儿生活习性的不同，可选择不同的背景。拍摄飞鸟时，以蓝天为背景是最方便也是最佳的选择。选择鸟儿栖息的生活之地拍摄，可以充分表现鸟儿的生活状态，突出鸟儿的特点，例如选择草地为背景，能够更好地突出主体活动环境。拍摄游禽时，以水面为背景，既能突出主体，又可以说明拍摄环境。水面上被游禽划出的一道道涟漪能让画面极具动感。如果水面有较强的反光，可以使用偏振镜消除反光。

「光圈：F4.5　曝光：1/200s
ISO：400　焦距：84mm」

■ 右图为拍摄者抓拍到的一群温顺的孔雀。光亮细腻的羽毛质感得到了很好的表现，灵动富有生气。拍摄者将它们自然闲适的神态展现得淋漓尽致，活灵活现。

「光圈：F5.6　曝光：1/2000s
ISO：400　焦距：400mm」

■ 左图纯色背景突出主体。拍摄者使用中长焦镜头拍摄飞行的鸟类，在1/2000s的高速快门下，将鸟儿的飞行姿态准确地定格在画面中。

　　无论是在广阔的户外拍摄野生鸟类，还是拍摄狭小巢居的鸟类，除了使用长焦镜头之外，还应使用高速快门进行拍摄，这样才能将鸟儿飞行的姿态凝固在画面中。拍摄时，为了防止鸟儿受到惊吓，拍摄者最好利用自然或人工掩蔽物，躲在鸟儿看不见的地方。

　　拍摄者若想展示出鸟儿的飞翔姿态，可采用近景或中景构图。若想表现群鸟齐飞时的壮观景象，可采用全景构图，这样能够使画面形成棋盘式构图。不同的表现手法可以展现出鸟儿不同的飞翔状态，这就需要拍摄者在实际拍摄过程中多多尝试。

[光圈: F4.0　曝光: 1/400s
ISO: 100　焦距: 500mm]

■ 右图超长焦镜头让观者能近距离地观看小鸟。拍摄者对准停留在树枝上的小鸟，虚化的背景强调了主体。而且背景与小鸟羽毛形成了色彩差异，勾勒出小鸟的身形姿态。

■ 上图，被虚化的背景很好地突出了空中飞翔的鸟类。拍摄者使用高速快门拍摄群鸟齐飞，表现出群鸟飞翔时形成的队形，整齐且动感十足。

[光圈: F4.0　曝光: 1/1600s　ISO: 400　焦距: 500mm]

 技术提高

野生鸟类的栖息地一般都在离人类居住地较远的山区或草原上，在拍摄野生鸟类时常常要徒步很长时间才可到达目的地，还要等待很长时间抓拍精彩瞬间，所以要求拍摄者能够持之以恒，耐心等待。

拍摄昆虫

　　要拍好昆虫，我们需要掌握微距摄影的技巧，定格其小巧的身影。只有找到它们，才能找到绝佳的拍摄机会，从容地进行构图和拍摄。较差的光线可能会增加相应的曝光时间，拍摄时注意稳定相机，快门速度低于1/20s时建议使用三脚架。

■ 上图为拍摄者抓拍的正在吸食花蜜的蝴蝶。拍摄角度选择适当，画面清晰、整洁，背景的虚化效果较好，使得作为主体的蝴蝶得到突出，形象清晰，生动可爱。　　　　　　　　「光圈：F2.8　曝光：1/3200s　ISO：100　焦距：100mm」

　　昆虫体型微小且动作非常快，拍摄时很难捕捉。为了能更好地抓住昆虫的动态细节，建议在驱动模式中选择连拍。

「光圈：F9　曝光：1/125s　ISO：200　焦距：55mm」

■ 左图为拍摄者采用中速快门拍摄的一幅蜜蜂采蜜的画面。中速快门配合最佳光圈的使用，清晰捕捉到这一富有自然气息的瞬间，画面情趣盎然。这张特写小品别有一番精彩，细致精巧，耐人观赏。

■ 连拍模式示意图

Chapter
15 旅游题材

对于旅行者来说，旅途中的一切都是一个全新的世界，都能使人产生拍摄的冲动。我们在拍摄前要对它们作题材分类，如文物古迹、自然风光、人文民俗、酒店和街景等。

「光圈：F9　曝光：1/500s　ISO：200　焦距：20mm」

拍摄名胜古迹

　　名胜古迹是旅途中不容错过的拍摄题材。那些久负盛名的古迹、名胜，交通便捷却人头攒动，拍摄空间狭小，只有细心发掘才能拍摄出具有个人特色的、极具新意的影像。

「光圈：F5.6　曝光：1/125s
ISO：200　焦距：10mm」

■ 左图拍摄者将古长城作为画面主体，展现了历史的精深久远和古代建筑艺术的博大精深。黑白灰三色组成的画面影调偏冷，画面左侧残破的城墙给人世事变迁的沧桑感，引人思考和遐想。

　　拍摄角度的选取是否合理对一张照片的成败有着至关重要的作用。实际拍摄时，就如同在和古代建筑师对话。不同的人会拍摄出完全不同的画面效果。地平线的位置、光线的选取、栏杆的角度、屋檐下的阴影、天空和地面的比例等，都可给照片带来不同的视觉感受。

「光圈：F5　曝光：1/1000s
ISO：200　焦距：67mm」

■ 右图表现的是我国著名的历史文化建筑——天坛。拍摄者正面站在天坛对面，平视拍摄天坛。照片很好地表现了天空的辽阔高远，彰显了"天"的至高无上，三层穹顶逐级升高，与天相接，给人威严大气的视觉效果和心灵震摄。画面文化气息浓厚，让观者感受到无尽的历史沧桑感。

「光圈：F8.0　曝光：1/200s
ISO：100　焦距：16mm」

■ 左图是北京颐和园一景，随意走在园中看到喜欢的景色随手拿起相机一拍。拍摄者以路面栏杆形成的斜线为视角，广阔的湖面动静相对。

拍摄街区街景

　　拍摄者可以随意拍下自己觉得有意思的画面，完全凭感觉来进行街头抓拍。但是如果在抓拍时能够注意一下画面中的色彩搭配以及构图等问题，就能得到更好的画面效果。在构图时应该注意画面中直线元素的运用。视觉上斜穿对角线的线条能让画面具有节奏感，让人心情愉悦。拍摄时应该主要采用程序自动曝光模式，尽可能利用相机的自动功能。如果把ISO感光度设为自动，那么在不同的拍摄场景就不用再进行调整。当然，也可以自行变更ISO感光度进行拍摄，但不要忘记在拍摄完成后及时调整。从这一点上来看，如果将ISO感光度设置为自动，拍摄者就不用调整相机参数，而可集中精力拍摄，一边寻找被摄体，一边尽情享受游玩的乐趣。

「光圈: F5　曝光: 1/160s
ISO: 400　焦距: 34mm」

■ 右图为拍摄者拍摄的宁静淳朴的小城街道。不宽的小路铺满了青石板，少了都市的繁华，多了几分精致与幽深。画面左侧的鲜花得到清晰展现，与虚化的小路形成对比，更衬得巷子古朴清雅，乡韵弥漫。

　　拍摄街景时，焦距和曝光等参数的设定十分重要。为了保证画面的拍摄效果，拍摄夜晚街景时要关闭闪光灯。由于光线不足，最好使用三脚架进行定时拍照，以保证画面的稳定。

「光圈: F4
曝光: 1/200s
ISO: 100
焦距: 18mm」

■ 右图是拍摄者在欧洲旅游时，站在街道旁抓拍的景色，仰拍构图表现出欧式风格建筑的高大。晴朗的天气里，光线照射范围广，所拍景物色彩显得十分自然。

■ 上图表现了摩登城市的城区步行街。画面简洁大方，将城市规划简约、空间紧凑的特点展现到位。橘红色的长椅、翠绿的灌木丛和耸立的高楼组成了一幅典型的城市风貌画面，色调明亮，色彩和谐，画质较好。

「光圈: F9　曝光: 1/100s
ISO: 100　焦距: 17mm」

记录寻常生活

用相机记录生活中难忘的瞬间，以生活为题材，即为生活摄影。生活摄影作品可给人以强烈的真实感和亲切感。

「光圈：F2.8 曝光：1/1600s
ISO：200 焦距：100mm」

■ 左图拍摄者为我们展现了一幅闲适的午后画面。草丛中，一辆儿童自行车显得格外突出，让人联想到骑车的孩童玩性大起，停下飞奔的自行车去追逐伙伴的场景。画面空间有限，留给观者的想象空间却无限，让观者在明快自然的画面中感受到悠闲自在的轻松与愉悦。

 技术提高

拍摄生活中事物的注意事项

1. 反映生活的真实。生活摄影作品表现的是生活中的真人真事，拍摄者应有一双发现美的眼睛，去挖掘美好的画面。
2. 反映人的精神面貌。生活摄影与其他类型的摄影一样，是通过人的具体活动反映人们的生活状况，记录人们生活经历的，因此体现人的精神面貌很重要。
3. 有浓烈的生活气息。生活摄影和其他摄影创作有所不同，没有生活气息的作品内容干瘪，形象呆板。因此，拍摄者一定要抓拍真实的镜头画面，切忌造作、弄虚作假。

「光圈：F4 曝光：1/180s
ISO：100 焦距：28mm」

■ 左图中角楼的建筑外观奇特，有效地衬托出该建筑的吸引力。整张照片充满趣味，显得更为真实、亲切。

📷 拍摄异乡习俗

　　我们游览的每个地方都有自己特殊的风貌和习俗。拍摄者应该抓住这些特质进行拍摄，充分表达拍摄时的感触，让观者产生身临其境之感，自己日后翻阅时也能勾起美好的回忆。

「光圈: F5.6　曝光: 1/1250s
ISO: 200　焦距: 120mm」

■ 右图为拍摄者拍摄的正在朝拜的虔诚信徒。瞬间的精彩捕获，使画面具有很强的现场感。画面色彩对比强烈，生动活泼，真实可感，散发着独特的气息，令人向往。

　　民俗摄影也可以看做纪实摄影范畴，拍摄时需要注重民俗活动和事件的真实性。想要拍摄出优秀的作品，就必须在拍摄前对准备拍摄的民俗题材进行了解与研究，并熟练运用光影技巧，才能如愿以偿地获得真实灵动的民俗画面。

■ 上图拍摄者将画面的背景进行虚化，使观者视线自然而然地集中到正在洗菜的人物身上，展现了别有韵味的江南风情、水乡民风。

「光圈: F6.3　曝光: 1/100s　ISO: 250　焦距: 78mm」

■ 右图，拍摄者使用大光圈虚化景深，突出人物。男孩正在吃冰淇淋，拍摄者抓住这个瞬间，对人物形成特写，同时也展现出一种真实自然的纪实生活照。

「光圈: F3.5　曝光: 1/500s　ISO: 200　焦距: 200mm」

拍摄旅途小景

旅行照片不仅可以证明拍摄者到其他城市或国家旅行过，而且还能展现摄影水平。此外，摄影也是记录旅途心情和难忘瞬间的方式，一张张精美的照片可以勾起拍摄者的回忆。

「光圈：F8   曝光：1/60s
ISO：200   焦距：70mm」

■ 左图是拍摄者在树林中选择侧逆光拍摄的。在这种光线下，树叶被强烈的阳光照射，显示出明亮悦目的绿色，使得主体与背景能够有明显区分，表现出很好的层次感。

 技术提高

一般说来，旅游的随拍性很强，尤其是到了异国他乡，看到什么都想拍下来，这时没有时间思考如何设置光圈速度，可选择程序自动曝光模式（P档）抓拍街景和人文风情。如果画面主体在不断运动，建议使用连续伺服自动对焦模式，如拍摄舞蹈表演、斗牛等。拍摄风景时，最常使用光圈优先自动曝光模式（A档），风景需要深景深，通常使用的光圈较小，F11~16最为常用。

「光圈：F8   曝光：1/640s
ISO：100   焦距：54mm」

■ 左图为拍摄者拍摄的白墙青瓦的徽派建筑。画面简洁，干净，蓝天、白云、绿树、古屋，各元素之间和谐统一，极具美感。新颖巧妙的构图形式给观者清幽雅致的感受。作为画面主体的典型徽州古建筑，极具文化底蕴，历史感十足，正可谓传文化之神韵，成建筑之独秀。

拍摄异国风情

　　异国美景是难得的拍摄题材。但并非随意按动相机快门就能得到佳作，如果举起相机就拍，一来不礼貌，二来仓促间也不能拍出满意的作品。在一些特殊场合，为尊重当地习俗，最好先询问一下是否可以拍摄。一个热爱旅游摄影的人，不会单纯地把画面作为最重要的追求，拍摄过程也能给拍摄者带来愉悦。

■ 上图为拍摄者拍摄的高大雕像，明亮的光线较为柔和，使影像获得较好的层次感和适中的反差，表现出了质感。欧洲风情的雕塑给人以宏大雄伟的视觉感受和威严豪壮的心灵震慑。〔光圈：F14　曝光：1/200s　ISO：250　焦距：11mm〕

〔光圈：F8　曝光：1/1600s
ISO：250　焦距：10mm〕

■ 右图为拍摄者拍摄的极具异国风情的街道。画面左右景物相互映衬，构图上的层次和变化丰富，加深了画面的空间深度，增强了对比度和透视效果，画面显得明亮洁净，淳朴和谐。

拍摄特色美景

江南古镇、小桥流水，无一不具有别样风情。那些历经沧桑的古民居和特有的静谧、朴实的生活场景都是摄影爱好者眼中的绝美画面。

「光圈: F6.3 曝光: 1/30s ISO: 100 焦距: 30mm」

■ 左图为拍摄者拍摄的露天影院。作为背景的灰暗天空使主体更突出。通明的电影播放设备与画面右侧的江南民居一个清晰、一个模糊，对比鲜明，画面别有意蕴和深度。

 技术提高

光圈、快门和感光度是决定一张照片曝光的基本要素，由于场景的不同，通常要进行相应的调整，如室内光线暗，需要调高感光度，转眼到了室外，又要进行调整。每拍摄完一个场景一定要记住查看一下这三者的设置，尤其在拍摄夜景之后，在收工之前一定要把相机的所有特殊设置归位，如将白平衡设为自动，ISO调到100等，否则会影响第二天的拍摄，如果错过最佳的拍摄瞬间就得不偿失了。

■ 上图为拍摄者拍摄的别具民族风情的水车。南方婉约小镇的气息溢出画面，给人宁静祥和的感受。阳光微斜，水流潺潺，水车的转动给照片带来一丝灵动，画面极具美感。

「光圈: F8 曝光: 1/200s ISO: 200 焦距: 18mm」

■ 左图，拍摄者将镜头对准了街头的油画师。他将油画师作画时的情景清晰地呈现在观者面前。以"景中有画，画中有景"的方式表现抓拍到的有趣场景。

「光圈: F2.8 曝光: 1/500s ISO: 320 焦距: 200mm」

现在，许多手机具有很强的拍摄功能，无论从成像色彩，还是分辨率方面，手机拍摄的成像效果极好。同时，人们利用手机拍摄主体也较为方面，外出游玩随手抓拍，简单方便。

拍摄出美丽风景的层次

如果你还处在举起手机就拍，而不知道手机也可以调节曝光，或根本不知道只要动动手指就可以使影像变得更加漂亮时，你拍的手机照片还处在碰运气和靠天气的状态。也许有时还满意，但很多时候画面灰不溜秋，缺乏生气，影调层次不够丰富。

■ 右图，拍摄者使用手机拍摄湖边美景。利用手机自带相机的普通模式拍摄，借助光线使景象层次细腻、丰富。尤其暗部层次明显优于其他手机。但是，像这种蓝天白云，水中倒影，明暗跨度颇大的场面，稍不小心白云就会曝光过度，失去亮部细节。因此调节控制曝光量就十分重要。

抓住人物活动的精彩瞬间

一般情况下手机拍摄出的效果变化多样，拍摄时随着光线效果的变化，拍摄者要选择合适的角度进行抓拍，因此必须要做到能十分敏锐地发现精彩瞬间，以免错过最佳拍摄时机。

■ 右图，拍摄者使用手机拍摄，捕捉到舞台中心的所有演员。借助舞台的灯光照射使人物曝光正确，并且人物服饰的色彩得到准确还原。

用自带相机拍摄虚实变化的花朵

如果手机摄像头的光圈是固定的，焦距非常短，虽然镜头也可以拉近，如苹果手机用双手指划开将画面放大的功能类似于镜头的变焦，但要使所摄景物形成明显的虚实变化却并非易事。

手机拍摄虚实对比的主体画面的诀在有两点：一是靠近拍摄，将手机的镜头贴近花朵至10厘米左右，准确对焦，并将测光、曝光锁定；二是选择较远的物体作为背景，对焦前景中的主体，测光对焦锁定主体后，按下手机拍摄按键，呈现前实后虚的效果。

■ 左图，拍摄者靠近花朵，对焦于清晰成像的花朵主体，其他花朵呈现虚化效果。

手机拍摄绚丽的夜间景色

夜间景物在灯光的映照下，许多白天能看到的杂乱现象被黑暗吞没，灯火阑珊，绚丽多彩的夜色成为人们喜爱的拍摄对象。拍摄夜景的最佳时间在太阳下山后，天空未全黑时，大约有20分钟，天空会呈现宝石蓝的色彩，夏天较长，冬天相对短些。每到天黑之前，这种蓝色从东方的天际开始，逐步越过顶空，向西边的天际延伸、移动，等到西边天空发蓝，东边的天空已经全黑，抓紧这段时间拍摄，蓝色天空下的夜景特别漂亮。

■ 华为手机的超级夜景和ViVO手机的夜景模式是独立的夜间拍摄模式，左图，拍摄者使用华为手机的夜景模式拍摄落日，高光与阴影部位的层次更加丰富，而且在噪点控制、眩光控制等方面更为出色。

Chapter
16 后期修饰
使数码照片更完美

利用Photoshop软件对作品进行调色、锐化、模糊和适当修饰，能够使照片更完美、更赏心悦目。学习使用Photoshop软件处理照片时，我们不仅需要按步就班地根据操作步骤练习，而且应总结归纳一些方法和思路，自由畅想与发挥，以获得进一步的提高。

「光圈：F18　曝光：1/500s　ISO：500　焦距：24mm」

将照片导入电脑

拍摄完照片后，为了方便对图像的查看与编辑，需要将其导入到电脑中。导入照片的方法有多种，既可以通过电脑与相机连接来导入图像，也可以将存储卡安装在读卡器中与电脑连接导入图像。下面，我们就来学习具体的操作方法。

相机与电脑连接

下面介绍相机与电脑的连接方法，具体操作步骤如下。

 STEP >> 将相机电源开关至于OFF。

STEP >> 将数据线与相机USB端口相连。

STEP >> 将数据线的另一端与电脑USB端口相连后打开相机电源，电脑将显示连接。按照电脑显示的提示进行操作即可。将照片导入完毕后，关闭相机电源。

导入存储卡数据

在相机电源处于关闭状态下，取出存储卡将其插入到读卡器中，与电脑USB端口相连，将存储卡中的图像粘贴到电脑中即可。

手机与电脑连接

用户分别用数据线插入手机充电接口和电脑USB接口，便可以将手机与电脑连接，然后将手机里的照片复制到电脑。

平板与电脑连接

下面介绍平板与电脑的连接方法，具体操作步骤如下。

STEP >> 1 iPad与电脑的连接操作，电脑端必须安装iTunes。用户可直接到网上搜索并下载安装使用。

STEP >> 2 安装iTunes完成后，直接将iPad和电脑通过专用USB数据线进行连接，随后iTunes会自动搜索并安装与iPad相匹配的驱动程序，并自动进行识别。当iTunes能正常识别iPad之后，就可以通过该软件对iPad进行管理啦。

手机与平板连接

为了在iPad上使用iPhone上的软件和信息，可以将平板电脑和手机连接起来，下面介绍两种方法，具体操作步骤如下。

方法一

STEP >> 1 在iPad中，点击打开"设置"页面。

STEP >> 2 点击进入"iTunes Store与App Store"，登录苹果手机的Apple ID，就可以将iPad与iPhone连接了。

方法二

STEP >> **1** 在iPhone中，点击打开"设置"页面，点击"蓝牙"，设置为"打开"。

STEP >> **2** 在iPad中，点击打开"设置"页面，点击"蓝牙"，设置为"打开"。将iPad与iPhone使用蓝牙连接起来，实现信息共享。

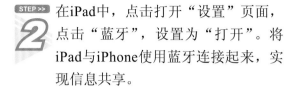

将照片上传到网络

微信继QQ之后成为社交媒体软件。微信好友间可以互相传送照片。许多人将照片上传到微信朋友圈供朋友欣赏，这也是照片上传到网络的方法之一，下面介绍微信照片上传方法。

STEP >> **1** 打开微信APP，再打开好友聊天界面，点击"+"，点击"照片"图标。

STEP >> **2** 选择要传送的照片，点击"发送"。

STEP >> **3** 朋友便会收到发送的照片。

将照片上传到微信朋友圈

STEP >> 打开微信APP，点击"发现"进入
1 "发现"界面，再点击"朋友圈"。

STEP >> 进入"朋友圈"界面，点击右上角的
2 相机图标，然后选择"从手机相册选择"。

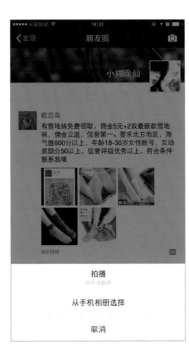

STEP >> 选择手机相册里的照片。
3

STEP >> 点击"完成"出现发布界面，用户可
4 以输入文字、发布位置等，点击"发表"便可以向朋友圈发布照片。

将照片上传到平板

　　随着智能手机的普及，人们使用手机拍摄照片成为常态。下面以iPhone与iPad为例，介绍如何将手机里的照片上传到平板上。

　　用户可以分别设置iPhone与iPad进行设备互连，如上文中的iPhone与iPad相互连接，这样用户就可以将iPhone中的照片传输到iPad。另外一种传输方法就是通过QQ、微信等第三方应用软件进行传输，下面以QQ为例介绍，具体操作步骤如下。

STEP >> 1 在iPhone上打开QQ应用软件，进入QQ。点击"我的好友|自己-梦"，进入"自己-梦"界面。

STEP >> 2 点击照片图标，在弹出的列表中选择要传输的照片，点击"发送"。

STEP >> 3 在iPad上打开QQ应用软件，进入QQ。进入"自己"界面就可以看到从iPhone传输过来的照片。

STEP >> 4 在iPad上长按传输过来的照片，在弹出的菜单中选择"保存到iPad"即可。根据iOS系统默认设置，照片将保存在"照片"文件夹内。

RAW格式照片处理

照片的存储格式通常有两种，RAW和JPEG。两种格式各有千秋，在拍摄时，我们可以根据需要选用合适的存储方式。相较于JPEG，RAW是更加"纯净"的存储方式，使用RAW格式存储的图像信息是未经过锐度、白平衡等"相机自动后期"调整的原始文件，只完整地保留了光圈、焦距、快门速度下真实的光影成像记录，而JPEG格式则经过了一系列自动调整。大多数情况下，经过相机自带的内部后期处理就能够得到不错的效果，然而在调整后大量完整的原始信息也将丢失，对于要在拍摄图像上做"减法"的摄影艺术来说，其实并不完全是件好事。对于对后期制作更有兴趣的摄影师来说，RAW格式是更好的选择。同时，由于RAW使用的是高于JPEG 24位彩色阶度的36位彩色阶度，所以在色彩还原和记录的真实性上也要远远高于JPEG。

RAW格式的特点

RAW格式是数码相机的专用格式，是真正意义上的"电子底片"。RAW格式也是体现数码影像极致画质的唯一格式。使用RAW格式拍摄的照片在进行后期处理时，能够在几乎

没有任何画质损失的情况下，调整照片的各种效果。

「光圈: F8 曝光: 1/724s
ISO: 200 焦距: 102mm」

■ 左图是拍摄者采用RAW格式拍摄的，画面成像优秀，质感十足。花朵明艳娇媚，蓝天万里无云，整幅画面给人清透明朗的感受，清新自然。

RAW格式下画面白平衡的设置

白平衡是对色温和色调的控制，后期在RAW文件中可任意调整。JPEG文件在拍摄时已经设置了白平衡，后期再经过Photoshop修改色彩就是有损画质的调整了（在Photoshop中对

图像做的修改次数越多，画质的损失越大），容易出现类似噪点的杂色。白平衡调整是RAW文件最常用的调整之一。姑且先用自动白平衡拍摄，之后再寻找喜欢的色调也是个好办法。

「光圈: F4.8 曝光: 1/250s
ISO: 160 焦距: 72mm」

■ 右图拍摄者拍摄时使用了"日光"模式，给人干净清爽的印象。

RAW图像有利于色调的调整

　　以下两图为不同格式存储的同一张照片。上图是尚未调整时的RAW图像，画面看起来层次、影调都不够丰富，细节也不到位。从上下两张图片的对比就能看出RAW 图像的优点所在。虽然RAW 图像打开麻烦，处理困难，但是实现了无损压缩，而且还能在后期进行白平衡调整，所以，拍摄风光照片时，最好使用RAW 图像。

> 光圈: F5.6
> 曝光: 1/500s
> ISO: 200
> 焦距: 28mm

 **技术提高**

　　数码照片后期处理的较高境界就是通过后期处理将照片中需强调的东西强调出来，把自己心里想要表达的内容表达出来。显然，RAW格式为后期处理提供了更广泛的空间，可使拍摄者更好地表达主题。

JPEG照片后期处理

对JPEG格式的照片可进行简单修饰，如校正歪斜景物，去除照片中的杂物，调整曝光效果等，都能使效果不尽如人意的照片呈现更好的画面效果。

利用仿制图章工具

我们在拍摄和处理照片的过程中经常会遇到一些复杂的场景，画面中有些杂乱的内容需要清除，但又不能破坏原图的结构。学会裁剪去除画面中的杂乱景物能够轻松获得理想画面。利用仿制图章工具就可快速去除照片中多余的景物，最后用外挂滤镜美化画面即可。

■ 实例为拍摄者远景拍摄的颐和园建筑和结冰的平整湖面。图中有几个人物在湖面上行走，画面稍显杂乱。相比而言，经过修饰的下图画面更显干净，冰面给人宽广的感受，加之宏伟大气的建筑，更为画面增添了美感。

「光圈：F7.1 曝光：1/200s
ISO：100 焦距：120mm」

制作黑白效果照片

把彩色数码照片转成黑白效果照片的方法很多，先为大家介绍较为简单的两种。

1 执行"图像>调整>去色"命令，如下左图所示。此方法简单实用，是制作黑白效果照片的常用方法。

2 执行"图像>调整>色相/饱和度"命令，把色彩饱和度调整到最小，如右图所示，获得灰度图像，能够使照片更有韵味。

■ 上图为拍摄原图，下图为经过修饰的黑白效果照片。显然，黑白色调更利于表现画面中铁轨的分离与交汇所带来的旅途感受。黑白色调赋予画面一种别样的情绪，表现力更强，让观者印象深刻。

「光圈：F8　曝光：1/400s　ISO：400　焦距：95mm」

以下两种更专业的做法，可获得更完美的画面。

1 先将照片转换成Lab模式，再把Lightness通道转换为Gray模式。因为在Lab模式下，图像的Lightness通道保留了照片中所有有关亮度的原始信息，能忠实地再现光的强度，而且不必担心从RGB模式转换到Lab模式会损失图像细节，破坏原有图像的影调层次。

2 用通道混合器调整图层，在对话框中勾选单色。这是Adobe推荐使用的方法，此法能让拍摄者进行全程控制，以根据不同的情况选用不同的参数。先在通道面板中观察各个通道的效果，记住最好的那个，然后执行"图像>调整>通道混合器"命令，在对话框中选取Monochrome，现在就能看到原图成为黑白的了，调整各通道的值，直到最好的效果出现。

为树荫添加光影

拍摄树林景色时，由于某种原因得到的画面不是很理想，画面有些暗淡。拍摄者将原照片进行后期处理，利用"色彩平衡""选取颜色"与"照片滤镜"功能，对照片中的色彩、色相进行了调整，表现出画面的色彩，凸显出光线穿透树木的效果，也为整个画面增添了光影魅力。

STEP >> 1 执行"文件>打开"命令，打开素材文件。单击"图层"面板下方的"创建新的填充或调整图层"按钮，从弹出的菜单中选择"色彩平衡"命令。

STEP >> 2 创建"色彩平衡"调整图层，色调设置为"中间调"，青色为"-16"，绿色为"+15"，黄色为"-43"。

STEP >> 3 单击"图层"面板下方的"创建新的填充或调整图层"按钮，从弹出的菜单中选择"可选颜色"命令，创建"选取颜色"图层。颜色如下设置。

STEP >> 4 设置完参数值，以调整画面的色调。树叶以及草地的色彩都发生了改变，变得更加鲜亮。

STEP >> 5 使用面板创建"照片滤镜"图层，选择"滤镜"单选按钮，选择"加温滤镜（85）"选项，浓度设置为"25%"。

STEP >> 6 将"照片滤镜"图层的混合模式设置为"柔光"，以增强画面对比。最终得到的树木景色更加迷人。

调出粉嫩肤色人像

　　美女是许多拍摄者喜爱的人像模特，若拍摄时光线较暗可能会使人物面部显得暗淡无光，影响人物肤色的表现。使用Photoshop中的调色功能可对人物的肤色进行调节，表现出粉嫩圆润的人物肤色。

STEP >> 1 执行"文件>打开"命令，打开素材文件。复制背景图层，更名为图层1。

STEP >> 2 利用图层面板创建"亮度\对比度1"图层，亮度设置为"42"，对比度设置为"-3"。

STEP >> 3 利用图层面板创建"色相/饱和度1"图层，选择"红色"选项，饱和度设为"+33"。选择"黄色"选项，色相设为"+2"，饱和度设为"+17"。

STEP >> 4 选择"绿色"选项，饱和度设为"+19"。选择"青色"选项，饱和度设为"-11"，明度设为"+15"。

STEP >> 5 调节色相/饱和度之后，人物的肤色开始变得粉嫩。接下来进行盖印可见图层，生成图层1。

STEP >> 6 利用图层面板创建"色彩平衡"图层，并利用画笔涂抹人物头部，以恢复面部色调。最后保存图像文件。

拼接超宽画幅照片

拍摄大场面风光时，有时相机无法用一幅照片记录下风光的全貌。拍摄者需要将景物合理地分成几个部分分别拍摄，然后经图像处理软件拼接成全景照片，也就是超宽画幅照片。下面我们就来学习如何利用Photoshop软件把几张图片拼接成一张全景照片。

STEP >> 1 打开Photoshop CS6软件后，执行"文件>新建"命令。

STEP >> 2 弹出"新建"对话框，在该对话框中设置宽度为"75.42厘米"，高度为"34.37厘米"，分辨率为"300像素/英寸"，将其命名为"全景图"。

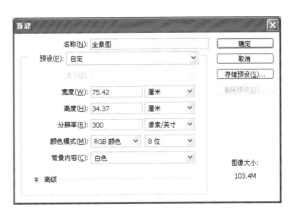

STEP >> 3 然后单击"新建"对话框中的"确定"按钮即可新建一个空白画布。

STEP >> 4 执行"文件>打开"命令，弹出"打开"对话框。

STEP >> 5 在"打开"对话框中分别选择需要拼接的图片。

STEP >> 6 单击"打开"按钮即可打开选择的所有图片。

STEP >> 7 单击工具面板"移动工具"按钮，选中打开的图片，按住鼠标左键将其拖动到"全景图"画布中。

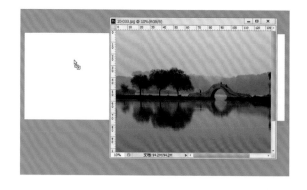

STEP >> 8 此时，在画布中出现了刚才拖入的第一张图片。

STEP >> 9 继续使用"移动工具"将另外两幅照片依次拖入"全景图"画布中。

STEP >> 10 将各图片的透明度分别调为50%，使用"移动工具"按正确的顺序将各图片衔接。

STEP >> 11 用透明度30%的"橡皮擦"工具修整各图片的边缘，使其自然无痕。将透明度恢复到100%，并分别调整各图层的明暗，使之一致。

STEP >> 12 按下键盘上的"Shift+Ctrl+Alt+E"组合键位，执行"盖印图章"命令，将拼接好的图片合层。

STEP >> 13 此时，一幅完整的拼接全景照片就制作完成了，按下键盘上的"Ctrl+S"键保存最终效果图。

制作怀旧效果照片

利用Photoshop软件可使彩色照片呈现复古效果，使色调更有历史感，具体步骤如下。

原图

效果图

STEP >> 1 打开照片后，设置合适的照片尺寸。

STEP >> 2 创建一个新图层，按"D"分别将前景色和背景色设置为黑色和白色，然后执行菜单栏中的"滤镜>渲染>云彩"命令。

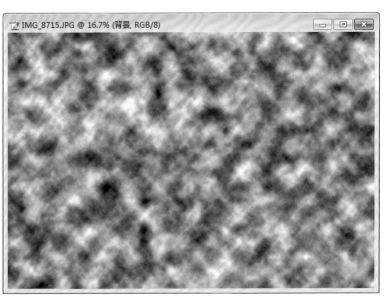

245

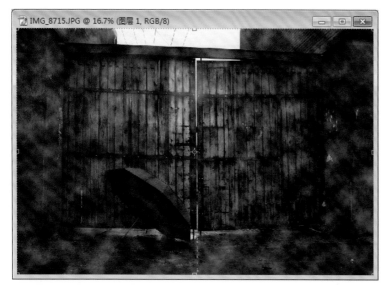

STEP >> 执行菜单栏中的"滤镜>杂色>添加杂色"命令。

STEP >> 设置图层的混合模式为柔光。

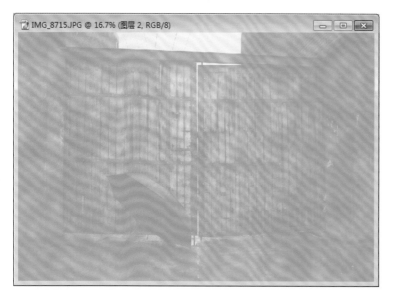

STEP >> 再创建一个新图层,并使用油漆桶工具填充颜色。

STEP >> 设置图层的混合模式为颜色。

STEP >> 执行菜单栏中的"图层>新建调整图层>色阶"命令,在弹出的对话框中单击"确定"按钮处理完成。

摄影作品裁切与修饰

我们所拍摄的摄影作品，尤其是大气恢宏的风光作品，如果用诗词进行装饰可使画面更富诗情。这个过程并不难，轻松几步便能让您的作品成为随时可供打印喷绘的绝美画面。

原图

效果图

STEP >>
1 打开照片后，设置合适的照片尺寸。

STEP >>
2 用裁切工具对照片进行剪裁，去除画面杂乱多余的部分，使之达到理想的画幅尺寸。

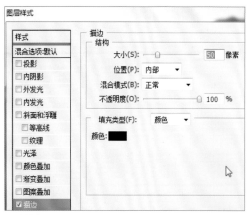

3 单击图层面板下方的"添加图层样式"按钮，勾选"描边"，选择"内部"，将颜色设为黑色，像素数值设为50。

4 选择文字工具与直排文字工具，分别在画面中输入照片标题、副标题、作者及拍摄时间等信息即可。